先生、イソギンチャクが腹痛を起こしています！

［鳥取環境大学］の森の人間動物行動学

小林朋道

JN170633

築地書館

はじめに

先生！シリーズも、読者のみなさんのおかげで第一〇弾になった。
「先生！シリーズ」という言葉ができたのも読者のみなさんのおかげだ。

さて、今回は、この「はじめに」で何を書こうか少し思案した。第一〇弾だから、という思いが頭の片隅でプレッシャーをかけてきたのだ。でもすぐ、そんな思いは捨てることにした。いつもどおり、自然に頭に浮かんでくる〝書きたいこと〟を書くことにした。

そして頭に浮かんできたのが、………小林ゼミの部屋で起こっている最近の事件である。

まー、動物好きの集団なのでやむをえないだろうが、ゼミ室の利用規則ギリギリまでいろいろな動物が飼われている。飼育室はまた別にあるのだが、すぐ身近で動物を見ていたいのだろう。

では、魚類、爬虫《はちゅう》類、哺乳《ほにゅう》類の順番で、おもな動物のちょっとした出来事をお話ししよう。

ゼミ室に入るとすぐ右側には、本文のなかでも出てくる「海産動物水槽」がある。

複雑な形の岩が中央部にどっしりと鎮座し、その周囲を魚たちが泳ぎ、ヤドカリたちが歩き、岩の表面にイソギンチャクたちや貝類が張りつき……。

最近の出来事としては、

「これまで一度も誰も見たことがなかったピンク色のカニが現われ、われわれを驚かせた」

卒業生たちが残していったバイカラードティーバックという種類の魚（卒業生たちの思いがこもっている）

「小さな小さなカサガイの子どもが生まれた」

「アメフラシが卵を産んだ」……。そしてなにより最新の出来事は、卒業予定の四年生たちが愛らしい魚を連れてきたことだろう。

バイカラードティーバックという名前らしいが、水槽の底の大きな巻き貝の殻を棲みかにし、古参魚に攻撃されるとなかに逃げこみ、様子を見てまたちゃっかり外を泳ぎまわっている。

卒業生たちのゼミ室への思いが伝わってくるような気がした。

海産動物水槽から対角線の端に位置する

古参の魚に追われると、棲みかにしている貝殻のなかに逃げこむ

ロッカーの上には、コイ（鯉）が泳ぐ淡水産動物水槽がある。

　三年生のＡｎさんが管理している水槽で、なかには全長三〇センチ近い二匹のコイが、

「ちょっとせまいなー」

　みたいな感じで泳いでいる。


　正直、私は観賞用の改良品種動物にはあまり興味はないのだが、ゼミ室に行くたびに顔を合わせていると知り合いのような気持ちになり、コイたちの体の調子なども気になるくらいの間柄になった。

　ちなみにある日ゼミ室に行くと、コイたちの水槽が半分、厚めの紙で覆われていた。

　その理由をいつかＡｎさんに聞いてみよ

An さんが飼っているコイたち。なかなか愛嬌がある

うと思いつつ、忘れたり思い出したりしながら数週間が過ぎ、やっとその答えが明らかになった。

「四年生の先輩たちが毎日夜遅くまでゼミ室に残って卒論を頑張られていたので、コイに夜がなくなってしまうと思って陰をつくりました」ということだった。

確かに四年生たちが夜遅くまでゼミ室で書き物らしきことをしていたのは知っていた。でもAnさんたち後輩の話だと、連日、深夜におよぶ格闘だったようで、なかなか頑張っていたんだなーとうれしくなった。

でも一方で、次のような数年前の出来事も思い出した。

そのときのゼミ生たちは、卒論を仕上げるためにみんなで徹夜すると言って、ゼミ室にコタツを持ちこんだ。どうしても眠たくなったらコタツで仮眠をとってから、またパソコンに向かう作戦だそうだ。それを聞いて私も応援しようとミカンを差し入れた。

でもある晩、私も仕事が遅くなり、帰りにゼミ室をちょっとのぞいてみたら、全員仲良くコタツに入ってミカンを食べながら談笑していた。

さて、数カ月前、このコイたちが、やはりゼミ室で飼われているある爬虫類と出合うという、ちょっとした出来事があった。

正確に言うと、「コイたちがヘビと出合う前に、ヘビはある哺乳類を大変驚かせ、ヘビ自身も驚いて水槽の後ろに隠れ、コイたちと対面することになった」ということだ。

説明しよう。

四年生のHさんが、最初は大きな真鍮《しんちゅう》の鍋で、やがて半透明のプラスチックの収納ケースで飼っていたヘビ（一メートルはゆうに超える結構大きなアオダイショウ）が飼育容器から逃げ出した。

Hさんはさほど気にする様子もなかった（器が大きいのだ）。

ゼミの学生たちはさすがに、椅子に座るときには椅子の上や下を確かめてから座っていた。

私は、そのヘビがゼミ室から外の廊下に出て行かないことをひたすら祈った。

やがて、あるとき私が実験の準備をしていると、三年生のＳｋくんから電話があった。

「先生、今、水槽の横にアオダイショウがいるんですけど」

という内容で、怖がっている様子が伝わってきた。

もちろん私は急いでゼミ室に向かった。そして撮った写真が下のものである。

そりゃあＳｋくんも、突然こんなのが水槽の横から出てきたら驚くだろう。

開口一番、

「心臓が止まるくらいびっくりしました」

と言ったが、当然だ。

ただし、私はもちろんまったく怖くなかったし驚きもしなかった。

あとでＨさんに見せて注意するために一応写真を撮り、捕獲して容器にもどしておこうと思った。

Ｈさんがゼミ室で飼っているアオダイショウが逃げ出して、ある日水槽の横に現われた

でも、それまでじっとしていたアオダイショウが、撮影時のカメラからの電磁波に反応したのか、撮影と同時に急いで後退をはじめ、水槽の裏側に隠れたのだ。そう、コイの棲む水槽の裏へ。

最初コイたちは驚いて、水槽のなかを右往左往していた。でもいろいろ考えたのか、そのうちコイたちは、ヘビに興味でももったかのように二匹ともヘビに近づいていき、じっと見つめはじめたのだ。

このあと、私は、尾のほうからヘビをつかみ、無事保護し、飼育容器にもどしてやった。

きっと喉がからからだったにちがいない。ヘビは水入れに口をつけるようにして、しばらく

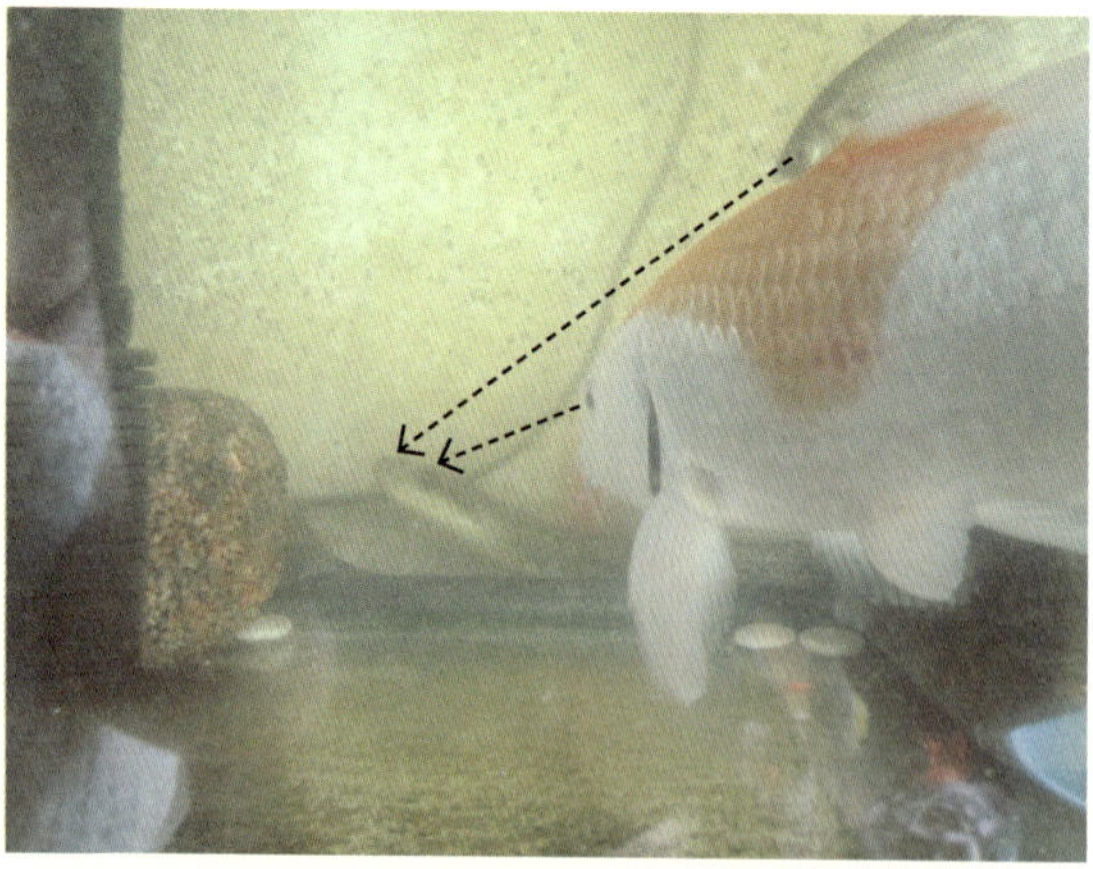

水槽の後ろのヘビをジ――ッと見るコイたち。彼らにも好奇心と呼べるような心理があるということだろうか

じっとしていた(今も元気に生きている)。

下の写真は、ヘビを飼育容器に入れる前に、Ｓｋくんにヘビの顔をよく見てもらっているところだ。

この際だからＳｋくんにヘビの顔のかわいらしさを知ってほしいと思ったのだ。

Ｓｋくんはなんだか魔法使いのヘビに魔法でもかけられているかのようにトローンとした表情でじっとヘビの顔を見ていた。ヘビもヘビで、何か魔法の一言をささやきかけるようにＳｋくんをじっと見ていた。

私はなんだか愉快になって、Ｓｋくんに了承を得て写真を撮ったのだ。

Sk くんにヘビの顔をよく見てもらっているところ。なんだかヘビに魔法をかけられたようにトローンとした表情でじっと見ていた

ゼミ室には、ヘビ飼いのHさんの所有ということになっているもう一匹の動物が、みんなに世話をされながら暮らしている。

動物の種類名は「デグー」といい、Hさんにつけられた名前は「ドグー」という（ややこしくてしかたない）。

デグーは南米産の齧歯《げっし》類だが、人に慣れやすく、学習が早く、最近人気のペットになっているらしい。

ドグーをよく世話しているMmさんがケージの戸を開けて「ドグー、ドグー」と呼ぶと、ドグーはMmさんの手のところまでやって来て、Mmさんの手を軽く噛んで毛づくろいのようなことをする。

ゼミ室にいる、Hさん所有ということになっているデグーのドグー

次に、今度はMmさんがドグーの頬をなでてやると、目を細めていかにも気持ちよさそうな顔をするのだ。

こらあ確かにかわいいわあ。

繰り返すが、ドグーに餌をやったりケージの掃除をしたりするのはHさん以外のゼミ生だ。

先日は、私が部屋に入ったら、ドグーがケージから外に出て、机の上や床を歩いていた。でもゼミ生はそれほどあわてた様子もなく、そのうちOnくんが小さな魚をすくうネットを持って近づいて行った。それで十分捕まるというのだ（シマリスやモモンガではありえないことだ。そんなもので、そんな動作で捕まるはず

ドグーに餌をやったりケージの掃除をしたりするのは、Hさん以外のゼミ生だ

はない）。

以前逃げたときは、普通のバケツにヒマワリのタネを入れて置いておいたらなかに入って、ハイッお縄！ということになったらしい。

ほんとにドグーは、いや、デグーは野生種か……？

野生の生息地の環境はいったいどんなものなのか是非見てみたい。

最近はこんなこともあった。

私がゼミ室で学生たちとなにかの話をしていると、Ｍｍさんが満面の笑顔で、とても大事そうにタオルのようなものを抱えてゼミ室に入ってきた。

われわれが不審げな顔をしてＭｍさんを見て

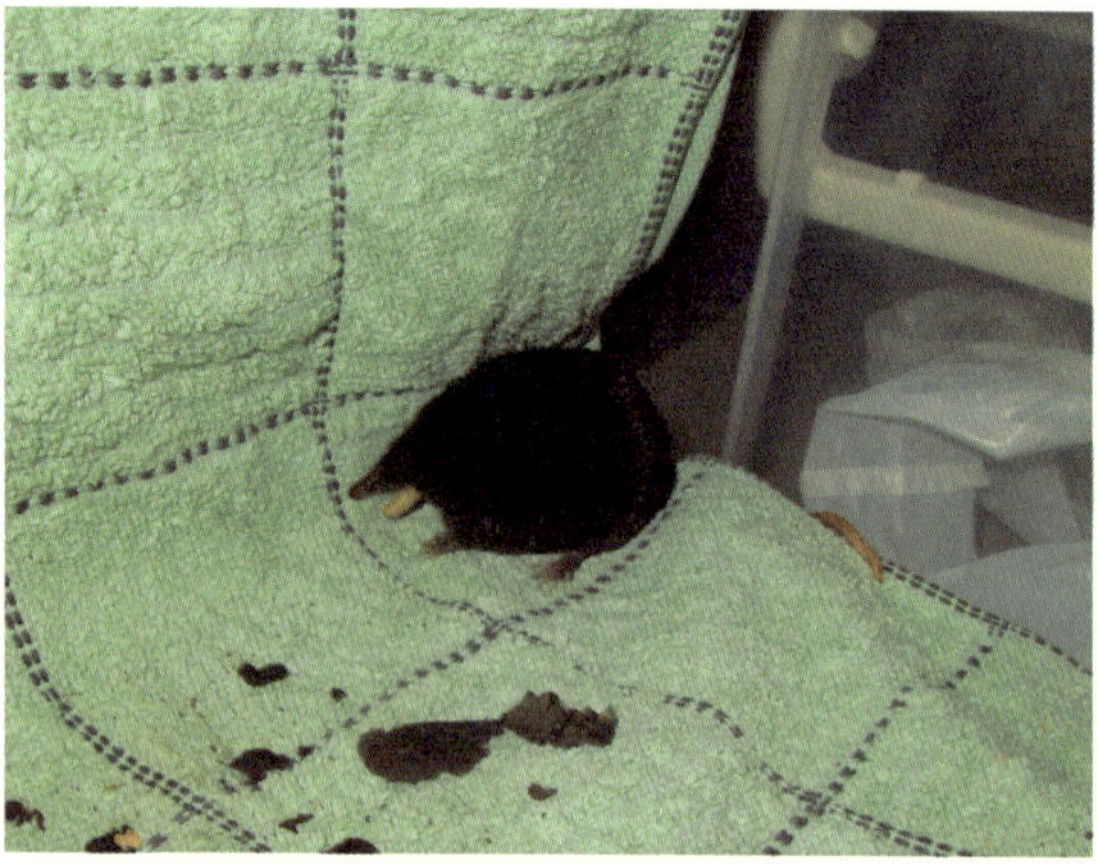

あるときMmさんが大事そうに抱えてきたタオルのようなもののなかにいたのは、モグラの仲間のヒミズだった

いると、Mmさんは、ゼミ室にあった容器にタオルのようなものを入れ、ゆっくりと広げていった。

するとなかに、モグラの仲間の小さな哺乳類、ヒミズが鼻を振りながら不安そうに震えているのが見えた。

もちろんみんなヒミズのまわりを取り囲み、Mmさんが買ってきたミールワームをやりはじめた。ヒミズは鼻の下の小さな口でミールワームを次から次へと食べていき、その大食漢ぶりでみんなを驚かせた。

Mmさんの話では、ある山に登ろうと思ったのだが雪で登れなかったから、悔しかったので大学の近くの小さな山に登ったのだという。

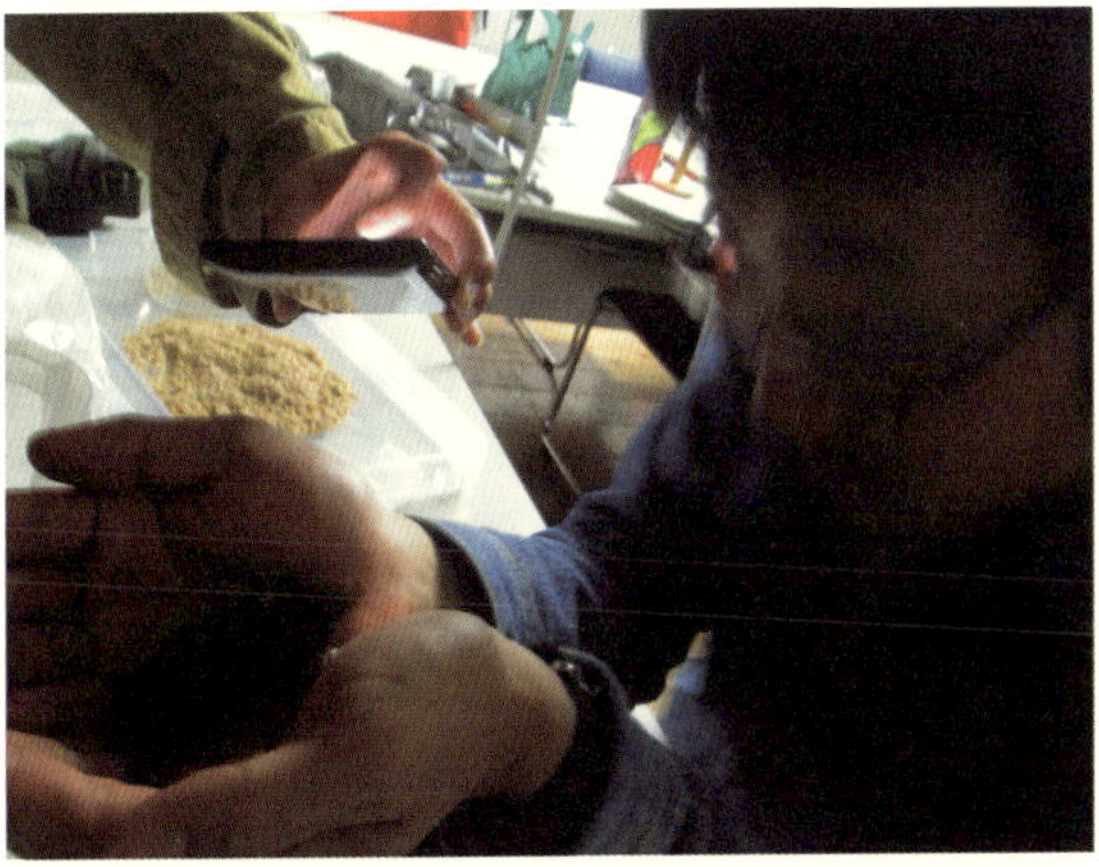

ヒミズは大食漢で、みんなを驚かせた

すると中腹くらいのところでモズやヒヨドリが群れている場所があって、その場へ行ってみたら、枯れ葉の下にそのヒミズがいたのだそうだ。だから保護したというわけだ。幸い大きな傷は、少なくとも見た目にはなかった。

書き出すときりがない。
このあたりでやめにしよう。

さて、第一〇弾の「はじめに」を終わるにあたって、第一弾からこれまでずっと本の編集、仕上げを行なってくださった築地書館の橋本ひとみさんには、あらためてお礼申し上げたい。全体の構成から文章の一言一句にいたるまで、あるときはやんわりと、あるときはきっぱりと、修正すべき部分を指摘していただき、毎回ほんとうに丁寧な本作りをしていただいた。
また、社長の土井二郎さんをはじめ、スタッフのみなさんにも支えられてこそ、先生！シリーズはここまで来られたことは間違いない。心よりお礼申し上げたい。第一弾の出版のときのことがいろいろと思い出される。

そして、本書を読んでくださる読者のみなさん、どうもありがとうございます。いろいろな形で本のなかの動物たちについてメッセージをいただくこともあり、私にとって大きな大きな励ましになっています。

二〇一六年二月一七日

小林朋道

◆目次

本書の登場動植(人)物たち

グレという魚の話

グレはこうしてヒーローになった

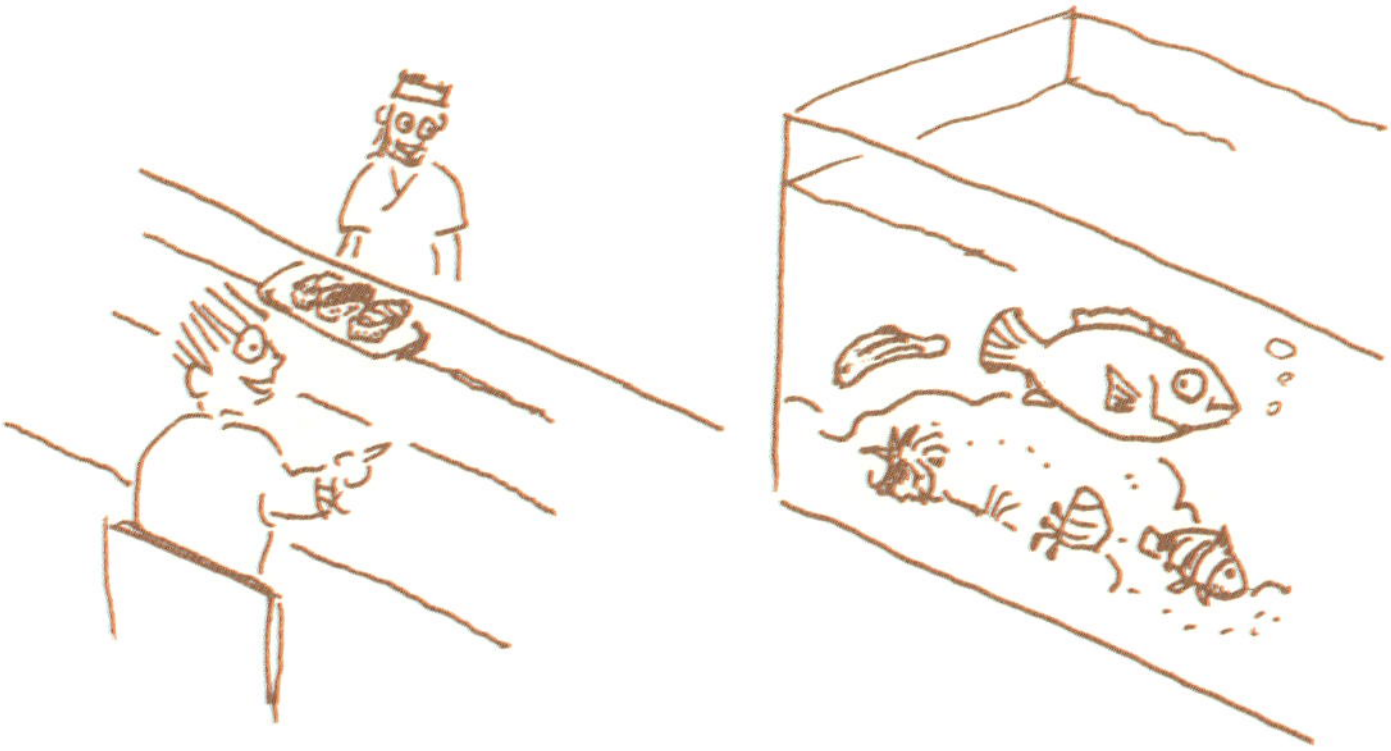

四月の中ごろ、ゼミ生たちと一緒に、鳥取市の岩戸《いわど》と呼ばれる海岸に行った。**私が時々一人で訪れ、動物たちと戯《たわむ》れている**〝秘湯の宿〟みたいな場所だ。

激しい波や風に削りとられて表面に複雑な窪みができた岩に覆われ、生物の生息地としてはもってこいの環境になっている。

干潮のときは（干潮といっても日本海の干満の水位差は一メートルにも満たない程度だが）、溝や窪みに海水が取り残され、**さまざまな大きさや形状のタイドプール**ができる。

春のタイドプールでは、ハゼ科の魚が海藻の陰に隠れ、イワシの稚魚が体をきらめかせながら列になって泳ぎ、ヤドカリがま

干潮のときには、海水が溝や窪みに取り残されて、いろいろな形や大きさのタイドプールができる

４月の中旬にゼミ生たちと訪れた鳥取市の岩戸海岸。学生たちは思い思いに風に吹かれたり、海を眺めたりして楽しんでいた

わりの様子をうかがいながら素早く移動する。時には小さなクラゲやタコが波に揺れながらただよっている。

その日は、天気はよかったのだが、私のチェックミスで、われわれが着いたとき岩戸海岸は満潮だった。つまり、海岸は海水につかりタイドプールはほとんどなかったのだ。

それでも学生たちは、思い思いにその場を楽しみ、岩場の上に座り、風に吹かれながら海を眺めたり、少し遅い昼食をとったりしていた。

数人は、私と一緒に、安全な場所を伝って海岸に降り立ち、一部が海とつながった

一部が海とつながった大きなタイドプールで魚をすくうゼミ生たち

大きなタイドプールで魚をねらった。

　持ってきていたタモ網でまず私が見本を見せ、ある魚をすくい上げた。私にはその魚の種類はわからなかったが、あとでメジナであることがわかった。

　その後、学生たちもメジナを二匹すくい上げ、合計三匹のメジナがそろった。われわれはそのなかから一番小さい個体を一匹持ち帰ることにした。

　そうそう、**はじめに言っておくのを忘れたが、**ゼミ生たちと岩戸海岸に行ったのには、ある明確な目的があった。それは、ゼミ室に置いている海産動物たちの水槽のメンバーを増やすことだった。

魚をすくい上げた。メジナだ

クマノミ

ホンソメワケベラ

ルリスズメダイ

そのころ水槽には、小さなクマノミが二匹、ホンソメワケベラが一匹、ルリスズメダイが一匹いた。それぞれ、体の色やデザイン、そして行動が個性豊かで、見ていて飽きない魚ばかりだった。

しかし、水槽の広さから見て、もう一匹くらい魚がいてもいいし、なにより、**何か魚以外の動物もほしいよね、**ということになったのだ。

さて、魚については小さなメジナで任務完了ということになり、次は、イソギンチャクをなんとかしようということになった。タイドプールにはたくさんのイソギンチャクがいたからだ。種類は少なかったが、さまざまな大きさの個体が、きれいな触手を広げて水底で揺らめいていた。

ちなみに、ゼミ室の水槽には、五年ほど前にはイソギンチャクがいた。そのイソギンチャクは、ある日突然水槽に現われ（誰かが連れてきたのだろうが、その〝誰か〟は今でも謎である）、機嫌よく過ごしていた。私が、ちょっとだけ、おもてなしをするまでは。

どんな〝おもてなし〟をしたのかって？　あまり思い出したくないのだが、**〝おもてなし〟と言えばやっぱり食事でしょ。**

イソギンチャクが喜ぶ食べ物をあげよう！と思ったのだ。

自分で言うのもなんであるが、**「動物の餌」については私はちょっと自信がある。**はじめて飼育する動物でも、その動物をしばらく見ていたら、これまでの人生のなかでためこんできた経験と知識、さらにそれらに裏打ちされた直感が、「この動物には△×をあげたらいい！」と告げてくれるのだ。

そして、水槽に突然現われた**イソギンチャクについても、お告げはあった。**「(水槽の横側に置いてあった)〝肉食魚用のフレーク状の餌〟がよいであろう」というお告げだった。

えっ、それでいいの？　**ちょっと安易なお告げだなー、**とは思ったが、それならすぐにできるわ、と、すぐにおもてなしを実行に移した。肉食魚用のフレーク状の餌を容器から一つまみ取り出し、「お腹すいただろ」みたいな感じでイソギンチャクの口に、ぱさっとのせてあげたのだ。ぱさっと。

最初の感触は悪くはなかった。「これ、美味しい！」というほどではなかったが、それまでのばしていた触手をすぐ口のほうへ引きもどし、喜んでフレークを口のなかに入れていった……ように私には見えたのだ。

でも、**多少の不安**を感じさせるような兆候がないわけでもなかった。

フレークが少し多すぎたのか、途中でフレークの取りこみはぱたっと止まり、ヒトが腹痛でお腹をかかえるような様子で、体が少し曲がってきたではないか。

そして次の日、イソギンチャクは**触手を閉じたまま体が傾き、**ついには岩の上で溶けるようにして逝ってしまった。

その後、不思議なことに、小さな小さなイソギンチャクが次から次へと水槽に出現したが（詳しい状況は『先生、キジがヤギに縄張り宣言しています！』に書いた）、やがて大きくなる前にすべて姿を消してしまった。

それから約五年たち、もう一度、ゼミ室の水槽に大きなイソギンチャクを、という話になったわけだ。

ただし、イソギンチャクを採取するのは非常に難しい作業だ。体の底面を岩にくっつけているイソギンチャクを、ダメージを与えず、引き離すのが難しいのだ。

何人かの学生が試みたが、まったく手に負えなかった。イソギンチャクは、身を固くして岩の間に身を潜めたり、強く引っ張ると体がちぎれたりした。

もちろん、そうなると**私の出番だ。**

莫大な数の動物に触れてきた手が、タイドプールの裂け目に接着するイソギンチャクの底面を探り、その体に**「大丈夫だよ。攻撃したりしないよ」**という信号を送りながら、少しずつ少しずつ、岩から底面をはがしていくのである。

そしてここぞというところで、くっと力を入れると、イソギンチャクが私の指の上にのって持ち上がってくるのだ。

「よし、採れた！」

私の言葉に反応して、作業の難しさを知っている学生が聞いてきた。

「どうすればそんなことができるんですか？」

「動物の体の声を聞くんだよ。Ｍｍさん」

さて、メジナ一匹とイソギンチャク二匹（それらのイソギンチャクは、あとで、ミドリイソギンチャクとサンゴイソギンチャクであることがわかる）を連れて帰ったわれわれは、さっそく、ゼミ室の水槽前に勢ぞろいした。

みんな、新しい動物たちが水槽に入るのを見たがっていたのだ。当然だ。


「それでは」、私が口火を切った。

「それでは、**イソギンチャクからいきます」**

二匹のイソギンチャクを、バケツから取り出し、水槽のなかの岩の窪みにそっと置いた。

彼らは素直にそれぞれの場所にちょこっと座り、少しずつ、触手をのばしはじめた。

みんな、「そこに落ち着くのだろう。元気そうだし、よかった、よかった」と思っただろう。

しかし、私は違った。**イソギンチャクたちがネコをかぶっている**可能性を疑っていたのだ。

水槽に、一応、落ち着いたイソギンチャク（矢印の先）。もう一匹は、岩の下の天井に張りついている

彼らがどんなにお転婆でよく動くかを知っていたのだ。

ちなみに、その後、予想は現実になり、イソギンチャクたちは水槽の岩の上を、それぞれが落ち着ける場所を求めて動きまわった。ミドリイソギンチャクなど、いっとき、姿が見えなくなり、みんなで不思議がっていたら、なんと、トンネルのようになった岩の天井に逆さになってくっついていた。

「では、次は、メジナをいきます」

イソギンチャクに続いて小さなメジナが、バケツから網ですくわれ、水槽に入れられた(その後、メジナには名前がついた。メジナの別名である〝グレ〟が、そのまま名前になった)。

グレを水槽に入れると、なかはちょっとした騒動になった。

古参の魚の一匹、ルリスズメダイの**ルリがグレを激しく攻撃しはじめたのだ。**

ルリは、水槽内の一角に、石の下の砂を掘り出してつくったマイ隠れ家をもっており、その周囲に入ってきたグレを、自分を脅かす侵入者と感じたのだろう。一般に縄張りをつくる魚は、異種であっても、自分と同じ体形の個体をより激しく追い払おうとする傾向がある。体形が似ているということは、自分と同じ餌を食べている可能性が高いためだと考えられている。その点、クマノミやホンソメワケベラはルリスズメダイとは体形が異なるが、メジナは、ルリスズメダイと同じスズキ目の魚で、体形も似ているのである。

グレは、体こそルリと同じくらいの大きさだったが、**突然の攻撃に防戦一方である。**水槽内の勝手知ったるルリに対して、グレは、慣れない水槽のなかを、逃げて逃げて逃げまくった。時々、ルリの口がグレの体をとらえ、グレの尾びれ、背びれは、みるみる荒れていった。

さて、どうするか。

Ｙｋくんが言った。

「小さなプラスチック容器を浮かべて、そのなかにグレを入れたら」

でも、それでは酸素が入ってこない。

結局、みんなでいろいろ考えて、次のような方法を試してみることにした。

多数の穴がある蓋つきのプラスチック容器にグレを入れ、なかに石も入れて水槽の底に沈める。

そうすれば、容器のなかには酸素をたっぷり含んだ海水が出入りするし、ルリはなかには入ってこられないし……。

その方法はじつによかった。

ルリは、容器のなかのグレを見つけて攻撃しようとするが、透明のバリアーに阻まれてグレには近づけない。

グレも、最初のころは、向こうから近づいてくるルリを見て、**容器のなかで右往左往**していたが、やがて、ルリが、ある距離以上には近づけないことを認識したようだ。それからは、ルリが近づいてきてもあわてる様子もなく、容器のなかで落ち着いて過ごしていた。

時々、容器の蓋を開けて餌を与えてやると、グレは勢いよくそれをパクつくようになり、体の色艶やひれの状態が日に日に健康そうに変わっていった。

そんなある日のこと、誰かがグレに餌を与えたあと、蓋をしめるのを忘れたのだろう。**私は次のような場面を目にした。**

グレが、プラスチック容器から出て、水槽の隅を泳いでいた。すると、ルリがそれを見て、グレめがけて突進した。

それに気づいたグレは、**「ヘヘヘッ」**とばかりに、プラスチック容器に逃げこんだのである。

では、**ルリはどうしたか？**

ルリはもちろんグレのあとを追いかけていったが、容器のところまで来ると、そこでぴたっと止まり、なかに入ろうとはしなかった。

どうもグレは、何度かそんなことを経験していたようで、ルリが容器のなかには入ってこないのを知っているようだった。容器のなかであわてる様子もなく、ゆったりと泳いでいた。

そして、そんなことを繰り返しているう

ルリの攻撃から逃げて、プラスチック容器のなかに避難するグレ

ちに、グレが、容器の外でルリに見つかって追われている途中で、両者の動きが止まったとき、**ルリに反撃**するような場面が見られるようになった。

グレの行動の変化について、ゼミ生たちと話をしているとき、誰かが言った。「グレは体がルリよりも大きくなった」と。

確かに、そういった事情も、グレの行動の変化に関係しているのかもしれない。なにせ、メジナは、成魚になると体長四〇センチ以上にもなる海産魚である。一方、ルリスズメダイは、サンゴ礁の魚で、そのときのルリがすでに成魚である。体長がグレに抜かれてもしかたがない。そして、体の成長にともなう筋力の強化が、ルリとのやりとりにおいて**「オレ、ケッコウヤレルジャン」**という体験をグレにさせたのかもしれない。

やがて、ルリは、グレが容器の外に出ていてもグレを攻撃することはなくなった。われわれは、半月ほど水槽のなかに入っていた、グレの避難用のプラスチック容器を取りのぞいたのだった。

さて、グレが水槽のなかを自由に泳ぎはじめてしばらくたったころ、**事件は起こった。**

それは、同じときに水槽にやって来たグレとイソギンチャクをめぐる事件であり、私が五年前に引き起こした出来事を思い出させる事件だった。ただし、**五年前と一つ決定的に違うこと**があった。それは、**そこにグレがいた、**ということだった。

学生たちは、イソギンチャクに餌をやらなければならないと考え、何をやったらよいか話しあったらしい。そして出した結論は、肉食魚の餌のペレットを与える、ということだったらしい（なんか、五年前の私に似ている。でも、私が五年前に与えたのは、肉食魚用のフレーク状の餌であり、そこがちょっと違う）。

直径一・五センチくらいのラグビーボール状の塊で、ミドリイソギンチャクやサンゴイソギンチャクの口の大きさから考えてちょうどの大きさで、成分も肉食のイソギンチャクに向いていると判断したというのだ。

ちなみに学生たちは、五年前の私の失敗を知っていた。本（『先生、キジがヤギに縄張り宣言しています！』）で読んだり、先輩から聞いたりして知っていたのだ。そのうえで彼らは、肉食魚用のペレットを選んだわけだ……。

ペレットを与えられたサンゴイソギンチャク（そのころミドリイソギンチャクは、トンネル状になった岩の天井に張りついて、餌やり実験ができなくなっていた）を、私がはじめて見たとき思ったことは、………**「学生たちの勝ち」**であった。

フレークのときと同じで、とても喜んで食べているという様子ではなかったが、でも、ペレットはイソギンチャクの口にちゃんとおさまり、徐々に口の奥へと沈んでいったのだ。イソギンチャクは明らかにペレットを食べていた。

イソギンチャクの体が曲がるような気配もまったくなかった。

正直、私は感心した（口には出さなかったが）。

でも学生たちは**それだけでは満足しなかった。**イソギンチャクが、触手を動かし生

サンゴイソギンチャクにゴカイ（矢印）を与えると………

き生きと餌を食べるところを見たいのだという。

そして、粘り強く努力した結果、ほどなく、彼らの希望はかなうことになる。イソギンチャクの驚異の捕食行動を引き起こす餌を見つけたのだ。

それは、釣り好きのOnくんの発想から生まれたのだという。Onくんは、イソギンチャクは、ゴカイを好むのではないかと考え、サンゴイソギンチャクに与えてみたのだ。そして、学生たちが見ている前で、イソギンチャクは、**驚くべき捕食行動を見せた**のだという。

Mmさんからの報告を聞いて、私も、**内心ワクワク**しながら、生きたゴカイを、サ

触手が動いたかと思うと、ゴカイはすごい速さで引っ張られ（矢印）、口へと運ばれた

ンゴイソギンチャクの口の真上あたりの水面から落としてみた。

ゴカイは、体をくねらせながら少し横にずれながら沈んでいき、イソギンチャクの触手の先端あたりに着地した。**……と、そのときである。**イソギンチャクの触手が動いたかと思うと、ゴカイはすごい速さで引っ張られるように移動し、イソギンチャクの口へと運ばれたのである。

まったく、**一瞬の出来事だった。**

イソギンチャクにそんな素早い動きができるとは、まったく驚いた。

さて、**いよいよ機は熟した。**グレが活躍する事件だ。

原因をつくったのはＭｍさんだ。

Ｍｍさんは、ゴカイに対するイソギンチャクの捕食行動を見てからたいそう心を動かされ、イソギンチャクの捕食行動について理解を深めたいと思ったらしい。つまり、いくつかの餌をイソギンチャクに与えてみることにしたのだ。

そして、その餌のなかに「アジの切り身」があった。

アジは、イソギンチャクを飼いはじめてしばらくして、私が、彼らの餌にでも、と思ってスーパーから買ってきておいたものだった。適当な大きさに切って与えてやれば、喜んで食べるのではないか、と考えたのだ。ただ、なかなか実行に移せなくて、ゼミ室の冷蔵庫（冷凍室）でねむっていたのだ。

それを、Ｍｍさんが、深夜にゼミ室で勉強していたときに見つけ、**私と同じことを考えたらしい。**特に、ゴカイの捕食を目の当たりにしていたＭｍさんは、**生の動物組織に対するサンゴイソギンチャクの反応**に興味をもったにちがいない。

冷蔵庫から、パックに入っていたまるごとのアジを取り出し、ナイフでさばいて適当な大きさにした。それをピンセットでつまんで、水底でくつろぐイソギンチャクの口の上にのせてみたのだ。

おそらくＭｍさんは、イソギンチャクによる触手全体を使った**ダイナミックな行動を期待**していたのではないだろうか。

しかし、残念ながら、触手はそれほど動かなかった。

でも、イソギンチャクは、アジの切り身を勢いよく食べたという。切り身は、触手も使われながら口のなかにどんどん入っていったのだ。

私はＭｍさんから話を聞きながら、**なかなかいいじゃん、**と思った。私が思い描く典型的なイソギンチャクの摂食行動だ。

でも、ここから**話は陰りを見せてくる。**

イソギンチャクの切り身の取りこみは進まなくなり、**口から粘液のようなものが出てきた**のだという（さすがにMmさんはよく見ている。おそらく口に入れたものを分解する消化液ではないかと話しあった）。

そしてそのころからイソギンチャクの体がゆがみはじめた、と、Mmさんは振り返る。なにやら私が以前に経験した〝失敗〟に似てきたではないか。実際に、Mmさんの脳裏に、私が以前に本に書いた、その〝失敗〟の場面が浮かんだという。

Mmさんの心は動揺したにちがいない。

あーっ、イソギンチャクが………。

と、そのときである！

（Mmさんの話を私なりに〝消化〟して表現すると）水槽内を黒い影が横ぎり、その**影は、イソギンチャクめがけて突進した。**

次の瞬間、黒い影は、イソギンチャクの口からアジの切り身を引っ張り上げ、持ち去ったのである。そのとき、アジの切り身には、イソギンチャクの口からのびる粘液が糸を引くようについていたという。

Mmさんからここまでの話を聞いた私は、**静かに感動していた。**

もちろん、〝黒い影〟とは、イソギンチャクと一緒に水槽にやって来て、最初のころはルリの攻撃を受けていたグレである。

そして、グレが、イソギンチャクの口のアジの切り身を取り去っていったのは、消化されニオイ物質の発散が増加したアジの切り身を、餌としてねらった結果だろう。

ただし、**もしグレがいなかったら、**イソギンチャクは、以前私がフレークを与えすぎて死なせてしまったのと同様の運命をたどっていたことはまず間違いない。グレがそれを阻止したことは事実である。

科学とは別な世界で、たとえば、人生のなかに自ら意味を見出していく世界のなかで、**グレがイソギンチャクを救った**のだ。グレは、われわれの心に元気を与えるヒーローなのだ。

以上が、私がみなさんにお伝えしたかった「同じときに水槽にやって来たグレとイソギンチャクをめぐる事件」である。

その後、グレは順調に成長を続け、水槽の主《ぬし》のような自信と風格をもった魚になっていった。

ただ、学生たちの間で、次のような指摘がないわけでもない。

ルリスズメダイやクマノミ、ホンソメワケベラが泳ぐ水槽は、海水アクアリウムといった、観賞用の水槽という感じがする。

でも、大きくなったメジナが泳ぐ水槽は、なんだか、料理屋の〝いけす〟のようにも見える。

海産動物水槽物語は続いていく。

大きくなったグレ（右手前）のいる海産動物水槽。なんだか料理屋の“いけす”のようにも見えるが、気のせいだろうか………

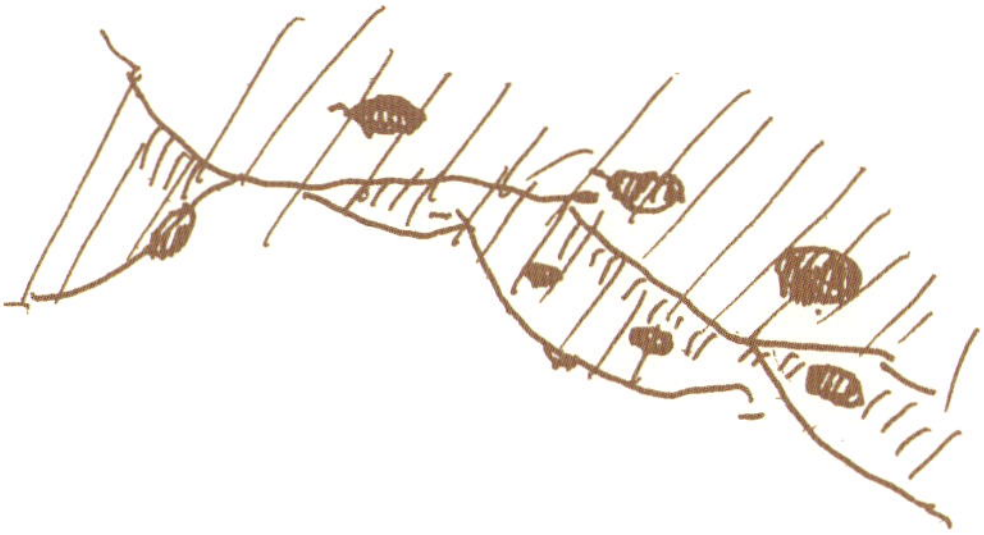

そのハエは、コウモリの体毛のなかで暮らしていた

奥深い洞窟の天井に蛹《さなぎ》を産みつける謎深きハエ

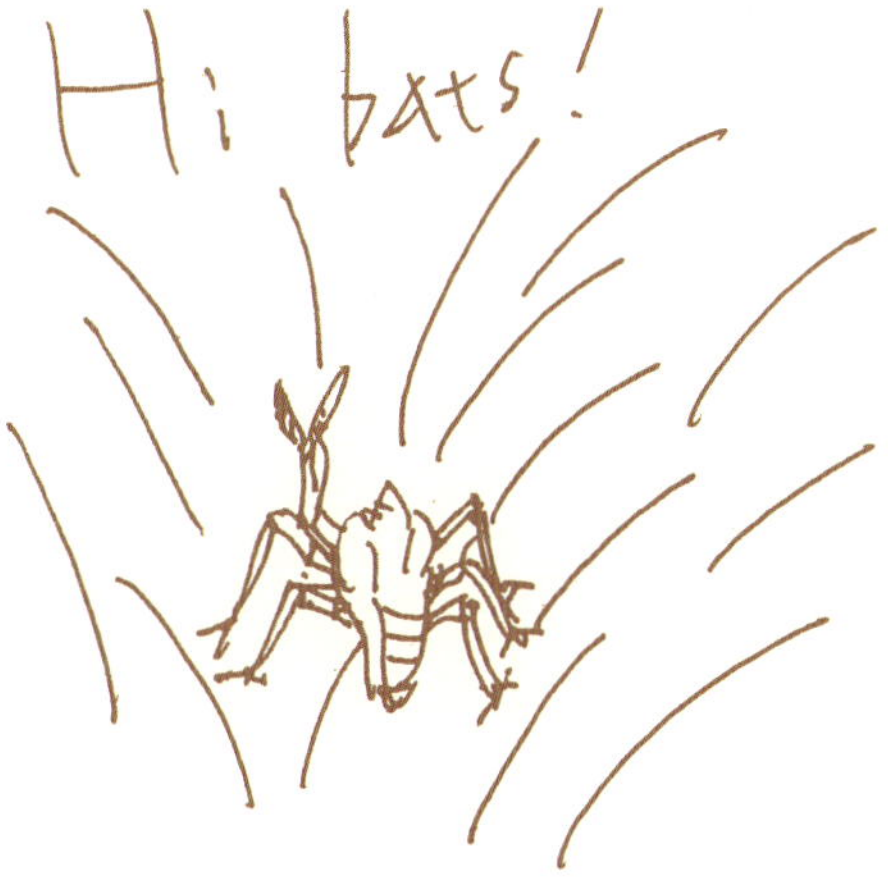

その日は、二日前から始まった食当たり症状が続いていて、ほとんど何も食べられない状態だった。

何が悪かったのかはわかっていた。……古くなっていたご飯（！）だ。

妻が一週間近く外出していたとき、自分で炊いたご飯を、ちょっとだけ大切にしようとしただけだ。新しく炊くのが面倒だったし、ちょうど一食分、ちょこんと残っているご飯を捨てるのも（ご飯が）かわいそうに思えたのだ。

確かに、口に入れた瞬間、**「これはやめたほうがいいかもしれない」**と思うには思った。でももう一つの魅力的な声も聞こえてきたのだ。

「おまえなら大丈夫だ」

ちなみに、私は、それまでの人生で、何かを食べて食当たりになったという経験が一度もなかった。だから、息子が幼かったころも、「私が食べても大丈夫だった」という事実は、食品の安全性に関するなんの情報にもならなかった。

妻は息子に、**「父さんは特別だから」**と言って、その食品を食べさせなかったこともたびたびあった。

ところが、〝その日〟はちょっと様子が違っていた。いや、「ちょっと」ではない。「はっきり」違っていた。

夜から激しい腹痛が始まり、それから嘔吐《おうと》と下痢《げり》に苦しめられることになる。

運悪く、次の日（土曜日）は大学のオープンキャンパスだった。

遠くから大学に来て、研究室を訪ねてくださる方々をすっぽかすわけにはいかない。私は頑張った。頑張って**なんとかその日は切りぬけた。**かなり疲れた。

でも次の日もまた休むわけにはいかなかった。

大学から三〇分くらいのところにある山の中腹の、コウモリが棲む洞窟に行かなければならなかったのだ。

休めない理由があった。二つ。

その一。

その日のコウモリ洞窟行きは、もう一カ月前から決まっていた話で、その地域の方々が洞窟まで案内してくださることになっていた（五、六〇年以上も前、鉱物の採掘のために掘られた坑道、つまり人工洞窟だ）。

地域のみなさんが都合を合わせてくださっていることを考えると、とても休むことなどできないと思った。

さらにである。そもそも山のなかで、コウモリが棲んでいる可能性のある廃坑を見つけるというのはいかに大変なことか、ほかならぬ私がよく知っていた。草木がのびほうだいで入り口が隠されていたり、土や岩が崩れて入り口が小さくなっていたり……、とにかく難しいのだ。それを、地域の方々が前もって探して見つけてくださっていた、ということも、私を**「なんとしても行かねば」**という気持ちにした。

その二。

その廃坑については、〝事前に見つけてくださっていた〟地域の方々から、次のような情報を得ていた。

「入り口はかなりせまくなっていて、そこからなかをのぞくと水がたまっているのが見えた」

私はその話を聞いて、**「しめた！　ユビナガコウモリがいるかもしれない」**と喜んだ。そのころの私は、次のような理由で、是非ともユビナガコウモリとお会いしたかったのだ（つまり、私自身がその廃坑に早く行きたかったのだ）。

〝次のような理由〟というのはこういうことだ。

話は二カ月ほど前にさかのぼる。

私は長年調査している大学の近くの小さな洞窟に来ていた。本来その洞窟はキクガシラコウモリだけの洞窟で、ユビナガコウモリがいることはまれだった。でもそのときは、数匹のキクガシラコウモリに加えて、ユビナガコウモリが一匹だけ見られた。

ライトの光を頼りに近づいていき、ユビナガコウモリの様子を間近で観察していたそのときだった。

ユビナガコウモリの体毛の下から虫（！）が現われ、**表面をささささ――っと歩いた**かと思うと、また**体毛のなかへと没していった**のだ。〝虫〟が没するときユビナガコウモリの体毛が、一瞬、四方に割れるように開くのが見えた。もちろん私の**好奇心は全開**になった。

私は、その虫についてゆっくり調べたいという気持ちと、そのころ取りかかっていたコウモリの嗅覚についての実験のために、ユビナガコウモリと、キクガシラコウモリを一匹ずつ捕獲して大学に連れ帰った。

大学にもどった私はさっそく、〝虫〟の正体の解明に取りかかった。

私の予想では〝虫〟は「ダニの一種」、それも**「とびっきり早く動ける特別なダニ」**だった。

軍手をして、ユビナガコウモリを、背中が露出するようにつかみ、毛を逆なでするように、あるいは、サルが毛づくろいをするように、丁寧に調べていった。

〝虫〟はなかなか見つからなかった。でも、ある場所まで指を移動させたとき、指先に、**コリッとする感触**を覚えたのだ。

よし、これだ！

私は、力を入れすぎないように気をつけながら、指先に意識を集中して、**その〝コリッ〟をつまみ、ゆっくり引き上げ**ていった。指先に、黄土色の粒に、長めの脚のようなものがついた虫がはさまれていた。

それが、（あとで判明するのだが）正式名「ケブカクモバエ」との**生まれてはじめての出合い**だった。

私はその〝虫〟を小さな透明の円筒形容器に入れ、**じ――っと、じ――っと見つめた。**

虫は、はじめての場所で緊張したのか動きを止めて固まっていた。脚は六本あり、黒い毛がたくさん生えていた。顔らしきものはなく、眼も見当たらなかった。

一体この奇妙な虫は何者なんだ！

まずダニではないことがわかった（ダニの脚は八本）！　昆虫なのだ。

でも、いずれにせよ**ただものではない。**

私はうれしかった。

そして次に思ったこと。それは、「この虫はキクガシラコウモリにもいるのだろうか？」であった。

さっそく、キクガシラコウモリの体を調べてみた。一方の手でキクガシラコウモリの腹側を包みこむようにして握り、もう一方の手で、ユビナガコウモリに行なったのと同じように、〝サルが毛づくろい〟をするように虫を探したのだ。

ユビナガコウモリの体毛のなかにいたケブカクモバエ

でも〝虫〟はまったく見つからなかった。

私は、一例だけで判断することはできないことは重々承知のうえで、「ひょっとするとこの〝虫〟は、ユビナガコウモリだけに寄生する**特殊な虫かもしれない**」と想像をたくましくしながら、次のようないたずらをやってみた。

透明の円筒形容器のなかの〝虫〟を慎重につかんで取り出し、キクガシラコウモリの背中にのせてみたのだ。

するとどうだろう。〝虫〟は、素足のまま熱い鉄板の上にでも置かれたかのように、キクガシラコウモリの**毛の上を跳《は》ねるようにして走り、**しばらく落ち着きなく毛の上を動きまわったあと、最後はジャンプして研究室の床に落ちてしまったのだ。

それは一瞬の出来事で、私は対処できず、床を探したときにはもう**〝虫〟の姿は消えていた。**

「えっ、貴重な〝虫〟が！」と悲しんだのはもちろんだが、同時に、「〝虫〟はキクガシラコウモリの体毛には入らなかった！」という発見がうれしかった。そして、思ったのだった。あの〝虫〟について調べてやるぞ。

そんな思いを募らせているときだった。ユビナガコウモリがいる可能性のある「入り口はか

そのハエは、コウモリの体毛のなかで暮らしていた

体調は最悪だったが、気持ちは最高。待ちに待った洞窟探検。地元の方たちが廃坑へと案内してくれた

なりせまくなっていて、そこからなかをのぞくと水がたまっているのが見えた」という廃坑の話である。

（下痢と嘔吐の症状がまだ残っているとはいえ）是非とも廃坑に案内してもらってユビナガコウモリとお会いしたい、と思ったのだ。

さて、当日が来た。

車で山道を進み、道わきに車を止めた。そこから谷ぞいに、斜面を登っていくのだ。谷川の流れを見ながら斜面を登りはじめると、下痢や嘔吐の兆《きざ》しはなくなっていた。登ること約二〇分、坑道の入り口が見えてきた！　この瞬間は、何十回経験しても胸躍る瞬間だ。

なにせ、**空飛ぶ毛むくじゃらの哺《ほ》乳《にゅう》類**（汝《なんじ》の名はコウモリ）と、洞窟というきわめて非日常的な空間でお会いするのだ。

なにせ、先方は**はじめてお会いする方なのだ。**どんな種類の方なのか。どんなところで休まれていて、どんな対応をしてくださるのか未知（！）なのだ。

おまけに、洞窟のなかにはしばしば奇妙な同居人がおられることがある。こんなときに心躍らないで、いつ躍るのだ。

入り口は、大きな大きな岩と地面とが接するところにあった。

地面にそって細い紡錘《ぼうすい》形の穴が開いている。おそらく鉱物を採掘していたころはもっと大きな入り口だったのだろう。それが月日の流れとともに土砂が積もり、こんなになったのだろう。

でも、幸いなことに、体を曲げれば十分、人が入れる大きさだ。

こうなると、もう、**腹痛など微塵も感じなかった。**すこぶる快調である。私は、ワクワクしながら入り口からなかをのぞきこんだ。

谷ぞいに斜面を登ること 20 分。あった！　坑道の入り口だ

なかはかなり広く、昔は入り口の穴もかなり大きかったことを暗示していた。そして情報どおり、広がった内部の底には水面が広がっていた。

「よし！　いくぞ」

口には出さなかったが、そんな気分である。長靴を履き、洞窟の底に下りていったのだ。

ところが私は、そのあとすぐに底から駆け上がってくることになる。

水は思いのほか冷たく、なにより……、深かったのだ。もちろん長靴などではとても太刀打ちできないくらい。

私は入り口から這い出し、外で、長靴を脱ぎ、靴下を脱ぎ、ズボンをたくし上げた。

洞窟のなかはかなり広く、底には水面が広がっていた

そのハエは、コウモリの体毛のなかで暮らしていた

そして、**再び洞窟の底へととびこんだ。**

最初は冷たい水が膝のあたりまで。そして奥へと進むにつれて深さは徐々に増していき、やがて腰のあたりまで水面が上がってきた（もうズボンはとっくに水につかっていた）。

私はカメラや電話が入っている腰のポシエットを、それらがぬれないように持ち上げ、**行けるところまで行ってやる、**という気持ちになっていた。

水の冷たさで体が震え、空気の冷たさで頭が冴えた。

そのときだった。

チーッ、チーッ、チーッ、バタバタバタバタ

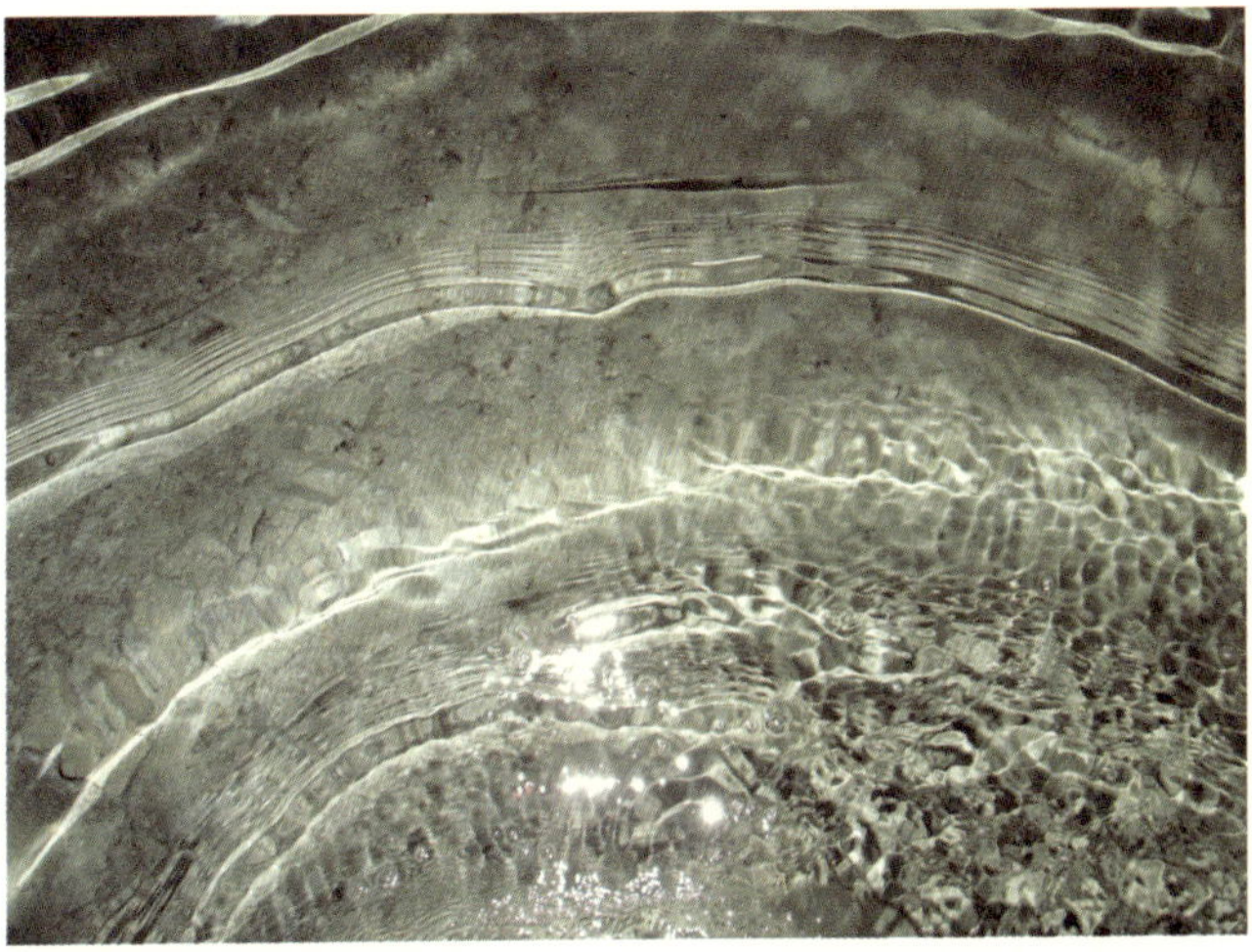

水は意外に冷たく、深かった

ーッという音が前方で聞こえた。

キクガシラコウモリの声だった（それと羽音と）。

キクガシラコウモリにかぎらないが、超音波を使うコウモリは、ヒトの耳に聞こえる音（可聴音）も発する。私くらいのコウモリ研究者になると、それらの可聴音で、コウモリの種類がわかるのだ。

さらに進むと、幸いにも水位はだんだん下がっていき、完全な〝陸地〟に上がることができた。そしてそこには、坑内を飛びまわるキクガシラコウモリと、壁にへばりついているユビナガコウモリがいた！

予想どおりだ。

さらに進むと、こちらも壁にへばりつくような格好で天井に集合しているモモジロコウモリがいて、最後に、天井からぶら下がるコキクガシラコウモリにも出合うことができた。

つまり、中国地方で見られる洞窟性コウモリの全種（四種類）が、その坑内にはすべていたわけだ。**すごい洞窟だ。**

よし、もう十分だ。坑道はまだ先に続いているが、今日はもういい、もどろう。

私は、**「あの〝虫〟が毛のなかに入っていてね」**と念じながらユビナガコウモリ四個体と、比較のためにモモジロコウモリ、キクガシラコウモリを採集し、出口へと引き返したのだ。ブルブル震えながら外に出ると、外で待っていた人たちも興奮していた。コウモリが穴から飛び出したからだ。おそらくキクガシラコウモリだろう。
「やっぱりいたんですねー」
「まだあのあたりを飛んでるよ」
いろいろな声が上がった。

ちなみに、そんな声を心地よく聞きながらタオルで足を拭き、靴下を履こうと岩に腰を下ろしたときだ。**私は大変なことに気がついた。**

ズボンの左右のポケットに、札を入れた財布と予定が書きこまれたスケジュール帳が入っていたのだ。当然**どちらもしっかり水につかっていた**わけだ。

札は乾かせばたぶん大丈夫だろう。でもスケジュール帳のなかの、水溶性のペンで書かれた文字たちは、………消え去っていないまでも、かなり変化しているにちがいない。もう文字ではなくなっている可能性が高い（そうだったら私は明日からどうやって身の振り方を決めたらよいのか！）。

私は、ポケットからスケジュール帳を取り出し、**そ―――っと開いてみた。**

かなり絶望的な状態だった。

少なくとも、重要だったために赤字で書いた文字は、皮肉にも水溶性だったらしい。率直に言って、スケジュール帳は、少なくともスケジュールに関しては、私にとって「脳」（！）だ。

もう一度言おう。脳だ。

私は、**脳の大部分を失ったのだ！**

あとでわかったことだが、スケジュール帳を手に放心状態で立っている私を見て、スマホを取り出し、**いそいそと何かを始めた学生がいた。**廃坑調査に同行したゼミ生

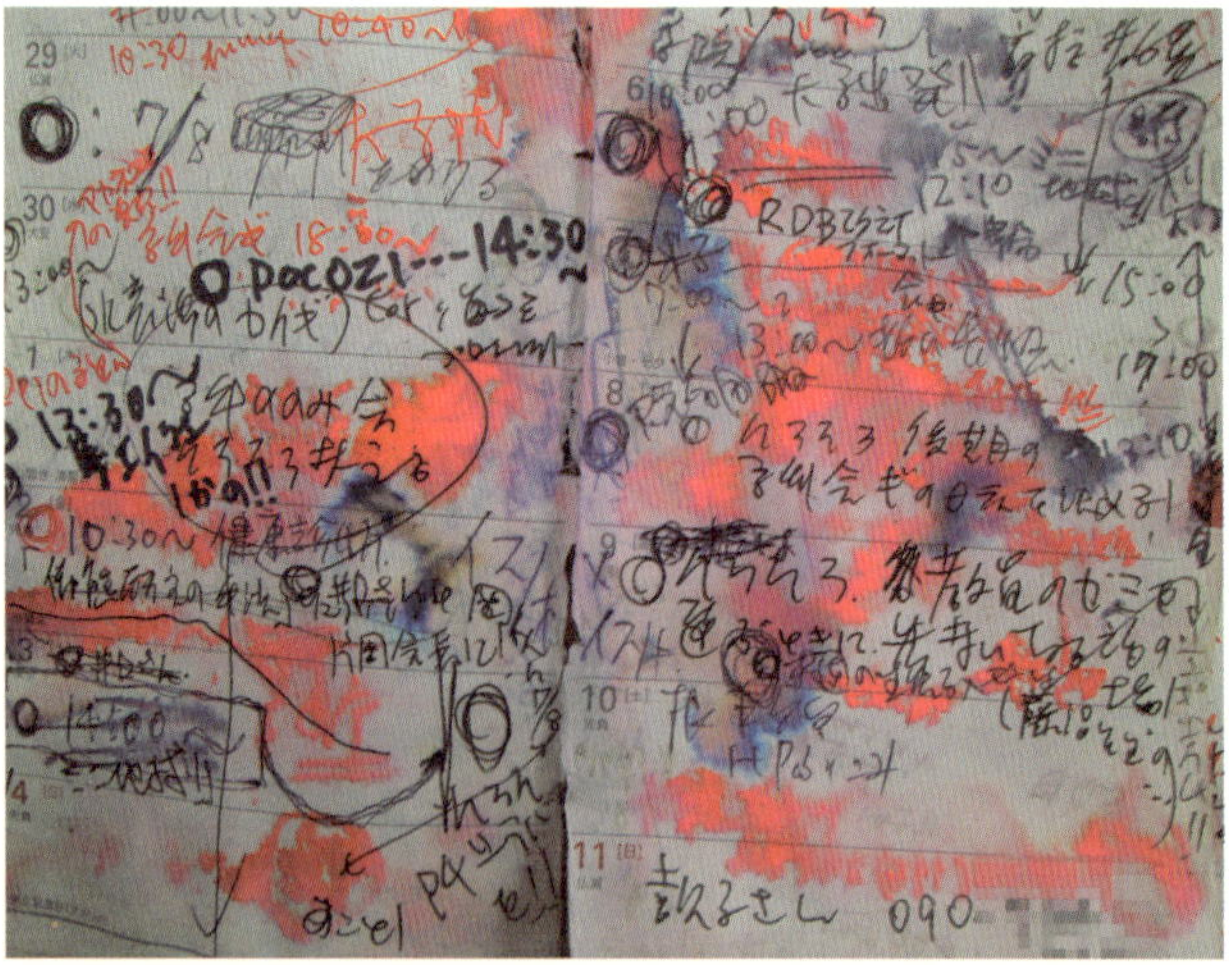

水没したスケジュール帳。重要なことは赤字で書いたのに、水溶性だったため文字ではなくなっていた！

のKuくんだ。

Kuくんは、ラインで次のような連絡をゼミ生の全員に送っていたらしい。

「小林先生がスケジュール帳を水没させて文字が消えた。先生と何か約束をしている人は気をつけて」

あのなー。

でも、適切な行動だ。

それから、一連の作業を終えて大学に帰った私は、まず、コウモリたちを専用の飼育容器に放したあと、**〝脳〟の大修復に取りかかった。**会議関係のメールを調べたり、事前に配布してあった資料を確認したりして、失われた記憶を再記帳していったのだ。

その日は休日だから、事務の人の力を借りることはできなかった。

でも幸い、私の**涙ぐましい努力**で大半の記憶は復活し、**会議などを数回すっぽかした**だけで、とにかく時は過ぎていった（ほんとうのところは、わからない。私の知らないところでいろいろあったかもしれない）。

さて、しめっぽい話は終わりにして、コウモリの体毛に棲む昆虫の話をしよう。

予想どおり、私がはじめてユビナガコウモリの体で見つけた虫は、今回採集したユビナガコウモリの体毛にも見つかった。でも、キクガシラコウモリにもモモジロコウモリにもいなかった。

私はその虫を、透明シャーレに入れて再会を喜びながら観察した。

最初の出合いのときとは違い、その虫についてはかなり情報を得ていた。

〝虫〟が、じつは、**翅《はね》や頭部をほとんど失ったハエ！**である、という驚愕の事実。名前はケブカクモバエだということ。

ケブカクモバエもやっぱり“手をすり、足をする”。写真上部の茶色いものは２種のコウモリの体毛

これまでの研究報告によれば、ほぼ、ユビナガコウモリに寄生したものしか見つかっていないということ（わずかな例では、モモジロコウモリの体からも見つかってはいたが）。

そして、ケブカクモバエは**ほぼ一生をユビナガコウモリの体毛のなかで過ごす、**ということ……。

そんな予備知識を備えて観察する私の前で、その虫、いや、ケブカクモバエさんは、**見事なパフォーマンス**を見せてくれた。

それは、「手すり」「足すり」である。

読者のみなさんは、小林一茶の次の俳句をご存じだろうか。

やれ打つな　蠅が手をすり　足をする

この行動はハエ類に共通して見られる行動で、私もこれまでの人生のなかで、ハエがそうするのを何度も何度も見てきた。

ケブカクモバエのこの行動を見て、私は、笑ってしまった。

おまえさんもやっぱり手や足をこするんだなー。

ちなみに、ハエ類のこの行動については、その意味はまだよくわかっていないらしい。味覚のセンサーがある前肢（手）をきれいにしておき、センサーの働きを保つための行動だとか、体全体についたゴミを取るために行なわれる行動だとか、いろいろな説がある。

そんな体験をしながら私は、ケブカクモバエに親しみをもち、引きつけられていくのを感じていた。なんというか**動作がコミカルで一生懸命なのだ。**

そんな親しみを彼らに感じながら私が行なった実験は次のようなものだった。

ユビナガコウモリの背中の毛を、少しだけハサミで切りとり、体毛標本とする。キクガシラコウモリやモモジロコウモリについても同じことを行ない、体毛標本とする。

それらの体毛標本から、二種のコウモリの体毛標本を選び、容器のなかに（もちろん同量、つまり同重量）並べて置いておく。

そこへ、われらがケブカクモバエを放す。

さて、ケブカクモバエは、二種の体毛を区別して一方の種のコウモリの体毛のみに引きつけられるだろうか。それとも……。

さて、ところで読者のみなさんは、なぜこのような実験を行なったかおわかりだろうか。

そう、今あなたが**心のなかで言われたとおりだ。**「ケブカクモバエが体毛によって、ユビナガコウモリを識別しているかどうか」を調べたかったのだ。

一般に、特定の動物にだけ寄生している動物は、その動物（そのような動物を〝自然宿主〟と呼ぶ）の体の構造に適応した形質をもっている。たとえば、ケブカクモバエの場合であれば、次のような具合である。

（ある研究者が実際に論文のなかで書いているのだが）「脚先《あしさき》の発達した鍵爪は、高速で飛翔するユビナガコウモリから振り落とされないためではないか」「翅や頭部を失ってずんぐり形になった胴体は、体毛のなかで素早く動けるための適応ではないか」

さらには、ユビナガコウモリの皮膚や血管の特性に対応して、効率よく血が吸えるような口部を備えている可能性もある……。

そんなケブカクモバエが、もし自然宿主以外のキクガシラコウモリの体毛に入ってしまったらどうだろう。ケブカクモバエは生きていけないかもしれない。

だとしたら、ケブカクモバエは、間違うことなくユビナガコウモリの体毛に入るなんらかの手段を備えていると考えるのが自然である。

ところがだ！

この問題を調べた研究者は一人もいなかったのだ（正確に言うと、研究報告を見つけることはできなかったのだ）。ユビナガコウモリとケブカクモバエの寄生的実態については、日本以外でも東南アジアや一部ヨーロッパでも知られているというのにだ。

寄生性のハエのDNAも分析したうえでの分類や、どんなコウモリ種にどんな寄生バエ種が入っているか、といった研究ばかりなのだ。

私が疑問に思ったことは**動物行動学者ならではの疑問**なのだろうか。でも、ケブカクモバエについて理解を深めるうえで重要な疑問であることは間違いない。

そして、**結果はどうなったか？**

最初の実験の結果はじつに興味深いものだった。

自然宿主であるユビナガコウモリとキクガシラコウモリの体毛を並べて置いておいた。するとケブカクモバエは、最初、容器のなかを歩きまわり、偶然、キクガシラコウモリの体毛に触れ、**驚いたように体毛からとびのいた**のである。

そして、また歩きまわり、ユビナガコウモリの体毛の近くまで来たとき、**「探しとったんやがな」**とばかりに、その体毛のなかへとびこんだのである。

そしてそのあとがまたすごい。

体毛にとびこんだあと、がぜん、**下へ下へともぐろうとする。**

おそらく、皮膚のところまでもぐって、やっと落ち着くのではないだろうか（そのときの動画を https://www.youtube.com/watch?v=tAGXXIfEVQQ にアップしている）。

でも、もちろん、体毛標本には皮膚はない。いくらもぐっても皮膚には出合えない。

ケブカクモバエは、何かがほしくてほし

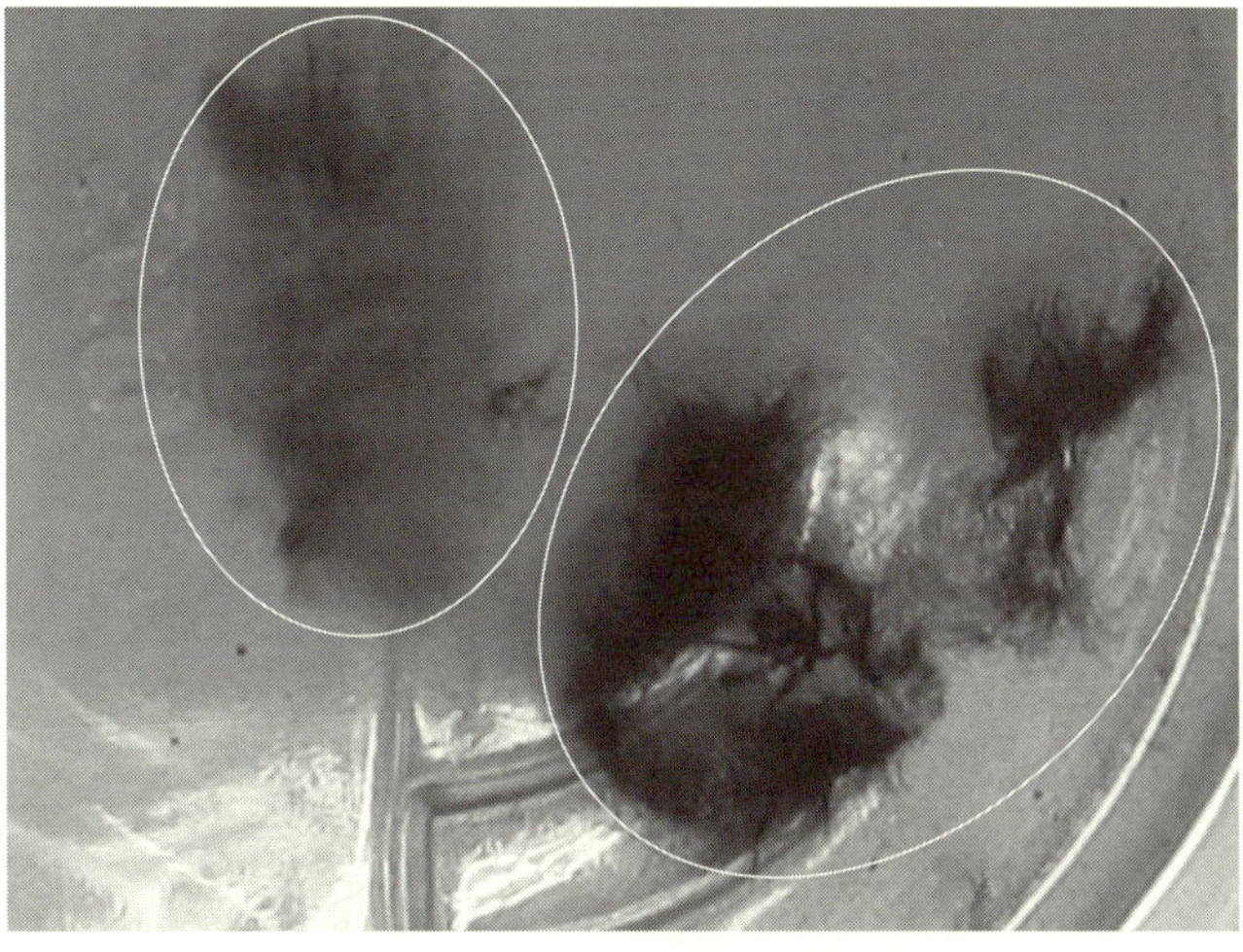

ケブカクモバエは、ユビナガコウモリの体毛の近くに来ると、なかにとびこみ、下へもぐろうとした。結果、体毛は散らかり放題（右の○のなか）。一方、キクガシラコウモリの体毛には入っていかないので、体毛の状態に変化はない（左の○のなか）。

くて**癇癪《かんしゃく》を起こす子どものように、**毛のなかで体をよじって動きまくる（その動作もとても人間ぽくて私は笑ってしまった）。

だから、実験後のユビナガコウモリの体毛標本は、もう散らかり放題に散らかった状態になった。一方、キクガシラコウモリの体毛標本は最初とまったく変わらない状態だった。前ページの写真がその状態である。

ユビナガコウモリの体毛への反応とキクガシラコウモリの体毛への反応のこの違い！

私は興奮した。

こんなにはっきりとした結果が出ようとは！

その後、何度か実験したが結果はほぼ同じだった。

一方、モモジロコウモリの体毛に対してはどうだったか？

結論から言うと、モモジロコウモリの体毛については、ユビナガコウモリの体毛ほどではないけれど、ある程度、入るのである。いったん入り、**「なんか違う」**といった感じでとび出してくる。そんなことを繰り返すのだ。

でも、いずれにしろ、ユビナガコウモリの体毛への嗜好《しこう》は絶大である。このような特性がケ

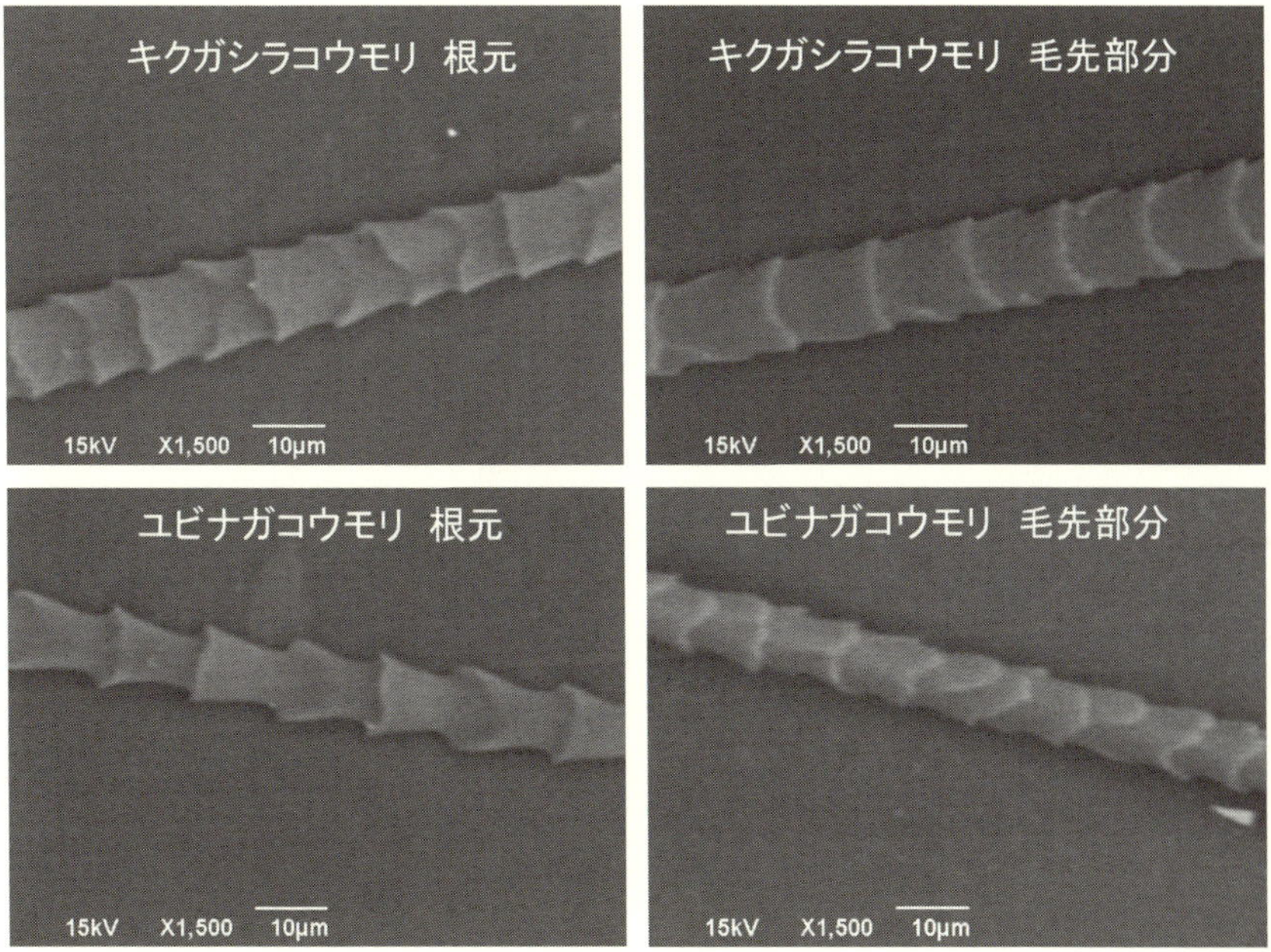

電子顕微鏡で撮った、キクガシラコウモリとユビナガコウモリの、皮膚の近くの毛と先端近くの毛

ブカクモバエによるユビナガコウモリへの、間違いのない進入を保証しているのであろう。

現在、ケブカクモバエは、各種コウモリの体毛のどんな性質を手がかりにしてそれぞれを識別しているのかを調べている。少なくとも、コウモリの種類によって体毛の物理的な形態が違うからではないらしい。

前ページの写真は、電子顕微鏡で撮ったキクガシラコウモリとユビナガコウモリの皮膚近くの毛と先端近くの毛の一例である。キクガシラコウモリの毛のほうが太い傾向が見られないこともないが、大きな差はない。

以上が、今回お話しできる研究成果である。


最後に、わが愛すべきケブカクモバエの、これまた**奇妙な生活の一面**をご紹介して本章を終わりたい。


「ケブカクモバエはほぼ一生をユビナガコウモリの体毛のなかで過ごす」ことはすでにお話しした。

そして、ほぼ一生ということは、ユビナガコウモリの**体毛の外に出ることもある**ということだ。

そう、雌は子どもを産むときにユビナガコウモリの体を離れ、**洞窟の天井まで出かけるのだ。**

ただし、驚かないでいただきたいのだが、その子どもというのが**ちょっとすごいのだ。**

すごいといっても、別に、ゴジラのように火を噴くとか、マジンガーZのように体が鋼鉄でできているというわけではない。

ある意味、もっとすごい。

子どもは母親の体内で孵化《ふか》し、さらに、幼虫から蛹になった状態（前蛹《ぜんよう》）で、産みつけられるのだ！

私は、この生活史を論文で読み、感動して**居ても立ってもおられず**ユビナガコウモリがいる洞窟（廃坑）に行った。そして、**探して探して、また探して、**その前蛹を天井に見つけたのだ。

そのユビナガコウモリは、まるで私が探しあてるのを待っていたかのように、静かに天井にぶら下がっていた……。その足元には黒く光る半円状の前蛹が点々と並んでいた。

ところが、**私の幸運はそれでは終わらなかった。**

写真を撮ろうと私がカメラを向けたとき、なんとコウモリの背中の表面に何かがわき上がってきたのだ。

それはケブカクモバエだった。

ああーっ、こんなこともあるのだ。

私のカメラの視野のなかには、鮮やかな黄土色をバックに、少し足を曲げて静かにぶら下がるユビナガコウモリ、その足元の周囲に黒光りする前蛹の群集、そして、ユビナガコウモリの背中に、これ以上にないポーズを決めてくれたケブカクモバエの姿があったのだ。

さて、最後の話が終わった。

読者のみなさんは、ケブカクモバエとはこれでお別れだ。

私は、この写真のなかのケブカクモバエを一生忘れることはないだろう。

そのハエは、コウモリの体毛のなかで暮らしていた

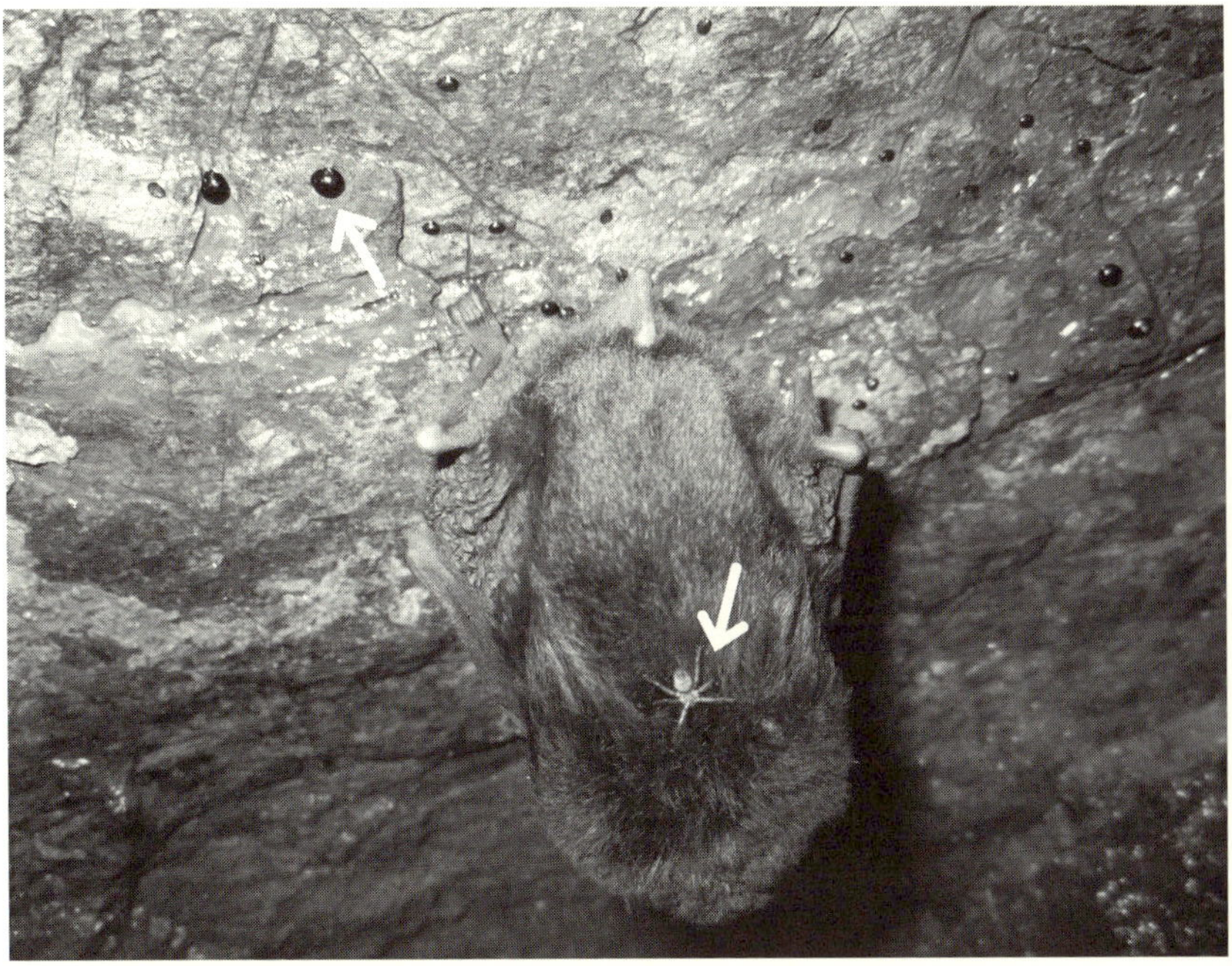

ユビナガコウモリがぶら下がる天井の周囲に産みつけられたケブカクモバエの前蛹（上の矢印）。下の矢印の先には、ユビナガコウモリの体毛のなかから現われたケブカクモバエが。これ以上は望めないすばらしいシーンだ！

イヌは、自分の行動に罪の意識を感じることがあるか？

YouTubeの動画は教えてくれる

このごろ、なにかしら、子どものころのことをよく思い出す。

子どものころ飼っていたイヌのこともよく思い出す。

あるとき、トムと名づけたイヌが私の父に、**すごい剣幕で叱られた。**

それは、トムが、父が大切に大切に育てていた盆栽を数鉢、いやかなりの数、掘り返してしまったときだった。

当時（少なくとも、私の故郷の山村では）、イヌは自由に放してもよかった。だから私が学校から帰ってきたら放してやり、夕方、餌をやるときに紐につないでいた。

ある日、少し餌をやる時間が遅くなり、急いで餌を持って外に出てみると、トムが**盆栽の鉢に鼻をつっこんで、土をかき出していたのだ。**

私は急いでやめさせて餌を与えたのだが、しばらくして、トムが餌を食べ終わったころ父が帰ってきたのだ。

ちなみに父は、われわれ子どもたち（男ばかり三人いて、私が一番下だった）を連れてよく山仕事に行った。

父は教員をしていて、休みの日しか田んぼや畑や山の仕事ができなかった。だから、日曜日は、もう、仕事三昧だった。

よく「子どもは遊びが仕事だ」とか言うが、父は絶対にそんなことは知らなかっただろう。知っていたかもしれない。でも父の教育方針は「子どもは家族のなかで役に立つ仕事をしながらより豊かに育つ」だった。

それが真実かどうかは私にもわからない。でも、自然について父からたくさんのことを教わったのは確かだ。

父は、山に行くと、気に入った植物を採ってきて鉢に植え、形を整えて育てた。すなわち、盆栽である。

ただし、**盆栽はわれわれ兄弟（特に私と、三つ年上の兄）を苦しめた。**

子どものころ飼っていたトム（左）と、私（中央）。抱いているのはトムの一人（犬）息子。家の軒先で

庭いっぱいに並べられた（それも幅の広い階段のようになった台に並べられた、つまり三次元的に並べられた）結構な数の盆栽たちに、毎日毎日、水をやるのがわれわれ兄弟の仕事だったのだ。

学校から帰ってきて友だちと遊んでいても、時間がくると家に帰って、水やりをしなければならないのだ。兄は、時には、**「もうちょっとくらいいいじゃないか」**と叫ぶ私を諭して、家に連れて帰った。

家に帰ったら、庭のすぐそばを流れる小川でバケツに水を汲んで、ひしゃくで一つひとつの鉢に少しずつ水をかけていく（一度にかけると水が土の表面を流れてなかに染みこまないのだ）。脚や服を水にぬらしながら全部の鉢にやり終わるまでに一時間近くかかっていたような気がする。

そんな状態がしばらく続いたあと、〝水道につなげたホース〟という文明の利器がわが家の庭にも登場し、**「楽になったね。兄ちゃん」**ということにな……らなかった。

父が鉢を増やすので、文明の力に頼っても仕事量は増えていく一方だったからである。

父は、文芸、書道、彫刻、焼き物、竹細工……多くのものに挑戦し、それなりにものにしていく多才な人だった。なかでも、盆栽を含めた園芸に向ける情熱は大きかった。

仕事が終わって帰宅してから、庭の一つひとつの植物の様子を見たり、部屋に持ちこんで剪定をしたり、今にして思えば、よく続いたなーと感心するのだ（父は今、九二歳だが意気軒昂《けんこう》である）。

前置きが長くなった。

要するに、そんな父が育てた盆栽の土を掘り起こしたトムが、その**逆鱗に触れる**のはしかたのないことだった。

そもそもその日にかぎって、なぜトムがそんなことをしたのか、私にはわからない。

トムにはトムの、**やむにやまれぬ事情**という

愛犬トムと私と、そしてその背後に、三次元的に立ち並ぶ盆栽の大群

ものがあったのだろう。でもトムよ、それはヤッパシ叱られるぞ。

帰宅して車から降りた父が見たものは、**無残に掘り起こされ、根がむき出しになった木々**だった。

父は私から事情を聞いて、一鉢ずつ、木と土をもとにもどす作業を始めた。そして、数本の、もう明らかに回復不可能と思われるものをのぞいて、一応全部やり終わり、その後、トムに近づいていった。

私は緊張して成り行きを見ていた。

父は、紐につながれていたトムを回復不可能な木のところへ引っ張っていき、**木と鉢をトムに見せながらどなりつけた。**

トムは後ろめたそうに、**体を小さくし、頭を下げ、上目づかいに父を見ていた。**絶対服従の表現である。

一方、そんな父の行動を見ていて、私は子どもながらに思ったのだ。

「父さん、そんなことをしても無駄だよ。イヌは人間とは違うんだ。いくら数時間前に自分が掘り起こした木を見せられて怒られても、自分がやったことが悪かったんだなんて思ったりはしないよ」と。

小林少年は結構、理論派だったのだ。イヌについての自分なりの見方をもっていたのだ。そして実際、最近、急速に進みつつあるイヌも含めた動物の認知に関する研究は、小林少年の見方を支持している。

たとえば、二〇〇七年に、ハンガリーの動物行動学者アダム・ミクロシは、イヌの行動や心理について、それまでの研究結果をしっかりふまえて、かつ著者自身の科学的思考を織りこんだ名著『イヌの動物行動学』（藪田慎司監訳、東海大学出版部）を著した。そのなかで氏は、**イヌの罪悪感行動**（guilty behaviour）について次のように記している。

イヌの罪悪感行動あるいは罪責行動については、ほとんどなにもわかっていない。ある研究では、イヌは、居間に、自分（そのイヌ）がゴミを散らかしたときも、飼い主が散らかしたときも、いずれの場合にも、飼い主の前で、後ろめたそうに行動することがわかった。

その報告にもとづいてアメリカの動物行動学者ドゥ・ヴァールは、イヌは、なんらかのルールを自分が破ったことを理解して（つまり罪悪感を感じて）、後ろめたそうに行動しているのではなく、単に、なんらかの**罰を受けるのではないかという不安感によってそう行動している**と解釈している。

ミクロシの著作以降もイヌの罪悪感行動についての研究の本質的な進展はない。つまり、科学の分野では、「イヌが、過去の自分の行動に罪悪感を感じて後ろめたそうな行動をとる」とは考えられていないということだ。

さて、ところがだ。

私は発見したのだ。

「イヌが、自分の行動に**罪悪感を感じて後ろめたそうな行動をとる」**ことを大いに支持する事象を！

それは、昨今めざましい発展を続けるSNS（ソーシャル・ネットワーキング・サービス）のなかにあった。

読者のみなさんの多くはYouTubeをご存じだろう。そしてそのなかに、誰が名づけたか“Guilty Dog”というカテゴリーが生まれ、たくさんの飼い主が、ほぼ共通した、ある状況下のイヌの様子を撮影している。

その状況というのは、「数時間（あるいはそれ以上）前にイヌの行為によって引き起こされたにちがいない、飼い主を困らせる事態があり、飼い主が、そこに**イヌを立ちあわせ彼を問い**

つめる」という状況である。たとえば、次のような……。

たくさんのトイレットペーパーが床に散らばっており、その表面には咬み跡や引っかき跡がついている。そして飼い主は、イヌを前に攻撃的な口調で言うのである。「Who did this！（これをやったのは誰！）」

さて、私が注目したのは（最初は妻が教えてくれたのだが）、問いつめられるイヌが複数匹いて、明らかに〝犯人（犯犬）〟がそのなかの一匹だけの場合だ（たとえば、https://www.youtube.com/watch?v=rlU1yKHL3c0）。

〝犯犬〟は目を伏せ体を小さくし明らかに服従的な動作を示すのだが、**〝犯犬〟ではないイヌたちは**飼い主のほうを、「遊んでくれるの！」とばかりに嬉々として見つめ、足踏みをし、尾を振るのである。

この状況は生物学的にどんなことを意味しているのか。最も合理的な解釈は、「〝犯犬〟は、そのとき、『自分が（飼い主が攻撃的になるようなことを）やった』ということを意識しており、その意識にもとづいて行動を決めている」ということである。

イヌが、単に、飼い主の動作や表情、口調から、自分がなんらかの罰を受けるのではないかという不安感を抱いているのだとしたら、〝犯犬〟以外のイヌも服従的な動作を示すだろう。

余談だが、私はこの発見をしたとき、**SNSが研究のスタイルに及ぼす影響**を感じずにはおれなかった。

考えてみよう。もし、「数時間（あるいはそれ以上）前にイヌの行為によって引き起こされたにちがいない、飼い主を困らせる事態があり、飼い主が、そこに複数のイヌを立ちあわせ彼らを問いつめる」という状況を、研究者が設定して、イヌの行動を調べようとしたらどんなに大変かを。研究のためには、そういった場面を何回も何回も設定してイヌの反応を調べなければならないのだ。ところが、YouTube のなかでは、世界中のイヌの飼い主が、その設定でのイヌの行動を記録して、提供してくれているのだ。**これはものすごいことだ。**

YouTube のなかの画像の解析は、「イヌの行動や心理についての研究がしたい」と言ったゼミ生のＡｎさんが、今、行なっている。

たくさんの〝Guilty Dog〟の画像を見て、イヌの行動を、特に服従的な行動や、反服従的な行動に注目してすべて順序を追って書き出し、**〝犯犬〟と非〝犯犬〟の場合とで比較**しているのである。

おそらく、間もなくＡｎさんと私は、その結果を学術雑誌に発表することになるだろう。きっと画期的な論文になるにちがいない………、なるかもしれない。

父に叱られたトムの話を思い出してみよう。

父は、「紐につながれていたトムを回復不可能な木のところへ引っ張っていき、木と鉢をトムに見せながらどなりつけた」。そして「トムは後ろめたそうに、体を小さくし、頭を下げ、上目づかいに父を見ていた」。

このとき**トムの頭のなかで起こっていたこと**は、小林少年の推察とはおそらく違っていたのだ。

YouTube“Guilty Dog”のなかの「〝犯犬〟だけが服従的な動作をして、非〝犯犬〟は『遊んでくれるの！』とばかりに嬉々として尾を振る」動画から判断すると、**トムは、自分がやったことを覚えていて、**それが原因で叱られていることをちゃんと理解していた可能性が高いのだ。「（父さん、そんなことをしても無駄だよ。）イヌは人間とは違うんだ。いくら数時間前に自分が掘り起こした木を見せられて怒られても、自分がやったことが悪かったんだなんて思ったりはしないよ」という小林少年の推察より、ずっと可能性は高いのだ。

父がどの程度の熟慮のもとにトムへの行動を決めたのかは今は知るよしもない。ひょっとしたら父は、体験が育んだ直感によって、イヌをかなりよく理解していたのかもしれない。

いずれにしろ、父がとったトムへの行為は、実際に効果があった可能性が高いのだ！

さて、次ページの写真は、私が最近、体験した"Guilty Dog"のクロちゃんの「後ろめたそうな」行動である。

いかにも**「ごめんなさい。間違ってやっちゃいました」**みたいな雰囲気がにじみ出ている姿勢や表情である。

クロちゃんというのは私の家の隣で飼われているイヌなのだが、ある日、次のようなことがあった。

私の家族は、もう八年ほど前に、今の家（借家）に引っ越してきたのだが、そのとき、近所への挨拶まわりで隣の家へ行った。

すると、「知らない怪しい人が来たら御主人に知らせないといけない」とばかりに、**クロちゃんは一生懸命、私と妻に吠えた**のだ。

私と妻はイヌが（イヌにかぎらず動物が）好きなので、クロちゃんの一生懸命の行動はまったく効き目はなかった。

妻などは、**「まー、しっかりお仕事してるのねー」**と言って近づいていく始末だ（私も、クロちゃんには悪いが、ほぼ同様の気持ちだ）。

その後、町内の回覧板が回ってくるようになり、私の家からクロちゃんの家（正確には、クロちゃんの飼い主さんの家）へ回覧板を持って行くようになった。そうなると、クロちゃんと私の関係は急速に友好的になり、間もなく、**「この人間はちょっと違うぞ」**と気づいた（にちがいない）クロちゃんが、**私をボス扱い**するようになったのだ。

私が行くと、尻尾をちぎれんばかりに振り、オオカミの群れなどで下位の個体がボスに対して行なうような「仰向けになって腹を見せる」動作までやるようになったのだ。

そんな関係が数年続いたあと、回覧板の回り方が逆になり、私がクロちゃんの家（くどいよ

隣家の飼い犬クロちゃんが数年ぶりに会った私に見せた「後ろめたそうな」行動

うだが、クロちゃんは家は建てない。正確にはクロちゃんの飼い主さんの家）に行くことがなくなった。クロちゃんに会うこともなくなった（私がクロちゃんにボス扱いされるのも、飼い主の方にとってはまずいだろうと思って自制していたということもあった）。

時々、私の家の前の道を、飼い主さんと一緒に散歩しているクロちゃんを見てほほえましく思っていた。

そうして、それからまた数年たった昨年のことである。回覧板が回る方向がまた変わって、私はクロちゃんの家に回覧板を持って行くことになった。

はっきりとした理由があったのだから、**私ははりきって、**ほんとうに久しぶりに**クロちゃんに会いに行った。**もちろん回覧板を持って。

そして、**クロちゃんは……いた。**年老いたかな、という感じはあったが、数年前とほとんど変わっていないクロちゃんが玄関の小屋から私を見た。

ところがだ、次の瞬間、クロちゃんがとった行動は、ある程度は私も予想していたことではあったが、小さな失望を私に与えた。

私のほうを見て吠えたのである。

老化で目も衰えていただろうし、数年間も会っていなかったのだから無理もないだろう。

でも、**「オイオイ、クロちゃんオレオレ」**と言いながら近づいて行った私に対して、クロちゃんが見せてくれた行動は、小さな失望を帳消しにして余りあるものだった。

それまで吠えつづけていたクロちゃんが、ある瞬間、**体に電気が走った**かのようにピンッとしたかと思うと、目を伏せ、突然頭を下げ、尾を巻きこみ、体を小さくするような姿勢になったのである。そして、いかにも後ろめたそうな様子で、体を横向きに地面に転がったのである。

その姿勢は、**「吠えたりしてごめんなさい」**と言っているように私には感じられた。

その解釈は、先ほどお話しした科学的な見地から考えても正しいものだと思うのである。

「イヌは、自分の行動に罪の意識を感じることがあるか？」

そう、あるのだ。

「クロちゃん、いいんだよ。いいんだよ」

私はその頭を何度も何度もなでてやった。

コウモリは
結構ニオイに敏感だ！

立派な哺乳《ほにゅう》類なんだから当然だ

まずは、海に近い山の麓にある洞窟のなかの話から始めたい。

昨年の冬である。

私は、ゼミ生のＲｙくん、Ｓｏくんと一緒に、その洞窟のなかに入っていった。

洞窟は、昔、海面がもっと高かったころ、波に削られてできたもので、「海蝕洞」と呼ばれる。なかは、ゆでたまごを縦半分に切って寝かせたような楕円のドームと、ゆでたまごを横半分に切って置いたような高さのあるドームが二つつながった構造になっていた。

手前の〝ゆでたまごドーム〟は、幅四～一〇メートル×高さ三～八メートル×奥行き二〇メートルくらい、奥の〝ゆでたまごドーム〟は、幅五～一〇メートル×高さ二〇メートル×奥行き一五メートルくらいであった。

そして、なんとこれら二つの〝ゆでたまごドーム〟は、人がかがんで（場所によっては四つん這いになって）、やっと進めるくらいのせまい通路でつながっていた。通路の長さは一五メートル近くあった。

ちなみにその通路を発見したのは、その年の春、ゼミ生たちとその海蝕洞に来たときだった。

コウモリは結構ニオイに敏感だ！

昔、海面が高かったころ、波に削られてできた海蝕洞

そこにコウモリがいるらしい、という話を聞きつけた私が、学生たちを誘ったのだ。

そして確かにコウモリたちはいた。キクガシラコウモリとコキクガシラコウモリ、ユビナガコウモリだ。

みんなでコウモリたちの存在に**声を殺して歓声をあげていたとき、**私は冷静に、手前の〝ゆでたまごドーム〟のコウモリたちの飛翔の様子を観察し、**奇妙な現象を見つけていた。**

〝ゆでたまごドーム〟の奥の下方からコウモリが湧くようにして現われるのだ。

そして、そのコウモリが湧きいずる場所をライトで照らしてみると、そこに穴（！）があったというわけだ。

私はみんなに**小さな声で叫んだ。**

「オーイ、こんなところに穴があるぞ！」

次の瞬間、私は、穴のなかへと進入を試みていた。

入り口はせまかった。しかし、這うようにして入り口を突破すると、かがんで歩けるくらいの比較的広い空間が現われ、少し進むとまたせまくなり……、そんなことを何度か繰り返したあと、私は、**あっと驚く光景**を目にすることになる。

コウモリは結構ニオイに敏感だ！

第二の“ゆでたまごドーム”にはあっと驚く光景が広がっていた。キクガシラコウモリが天井を覆いつくすように飛んでいたのだ

それが、第二の〝ゆでたまごドーム〟だったのだ。

一つ目の〝ゆでたまごドーム〟が、「ゆでたまごを縦半分に切って寝かせたような」形なのに対して、第二の〝ゆでたまごドーム〟は、「ゆでたまごを横半分に切って置いた」形であった。底面はそれほど広くはないが、湾曲しながらそそり立つ岩の壁がつくり出す空間は、荘厳な宮殿のような感じがした。

そして、**さらに驚いたことには、**そこにはものすごい数のキクガシラコウモリが、天井を覆いつくすように飛んでいた。見事な飛行術で宮殿の上部を舞っているのである。好奇心の旺盛な**動物好きには、もう、こたえられない**場面だった。


話をもどそう。

夏、秋が過ぎ、その年の冬、ゼミ生のＲｙくん、Ｓｏくんと一緒に、再び、その洞窟のなかに行ったというわけだ。

まずはわれわれは、一つ目の〝ゆでたまごドーム〟のコウモリの調査から始めた。

洞窟の天井には、冬眠中のキクガシラコウモリとユビナガコウモリがいた。天井にぶら下がっているのだ。

いずれの種類のコウモリでも、互いに体を密着させてぶら下がっている場合（群塊《ぐんかい》と呼ばれる）と、互いに離れて単独でぶら下がっている場合とがある。なぜ、群塊をつくる個体と、単独の個体がいるのか（どういう個体が、どういうときに群塊をつくるのか）についてはまだわかっていない。

ところで、キクガシラコウモリが単独でぶら下がっている光景には、**なんとも風情がある。**なにやら、枝にぶら下がった、**よく実った果実のよう**に見えるのである。子ども心をくすぐるのである。

そして、個体の性別や体長を調べるためにそのコウモリを天井から引き離すのだが、そのときの感覚は、まさに**実った果実をもぎとるときの感触**とよく似ている（中国のある地域に生息するキクガシラコウモリは数種の病気の原因になるウイルスを保有していることがわかっており、コウモリにさわるときは手袋が必要だ。慎重を期して学生たちにはこの作業はさせない）。

ぶら下がったコウモリの上半身をそっと握り、ゆっくりと引っ張ると、天井の岩に引っかかっている後肢の爪が少し抵抗し、やがて、**岩からブチンッと離れる**のだ。

ただし、果実の収穫とコウモリの単離とは、**決定的に違うところが一つ**ある。

もぎとったあと、果実はもとにもどすことはできないが、コウモリは、検査後、もとの場所にもどすことができるのだ。

検査が終わって、〝もぎとる〟前にコウモリがぶら下がっていた場所に足元をそっとくっつけると、コウモリは、**足をまさぐるように動かして、**爪を岩の突起に引っかけるのである。手を離すとキクガシラコウモリは、収穫前の果実と同じように、また、天井からブラーンとぶら下がり、もとの光景が復活する。

ちなみに、名前がキクガシラコウモリだからというわけではないが、コウモリをもとの場所にそっともどす作業は、私が幼少のころ体験した、**菊をめぐるある事件**を思い出させた。

前にも話したが、私の父は植物を育てるのが好きで、私がもの心ついたころから、山に行っては木や山野草を採ってきて盆栽をつくっていた（おかげで私と兄は、小学校のころから、夕方、父の盆栽に一時間近くかけて水をやるのが日課になっていた。友人たちと遊んでいても時間になったら、**けなげにも兄と二人で盆栽が待つ家へと帰った**のだった）。

そんな父親が情熱を注いだ植物に〝菊〟があった。

毎年、何鉢もの見事な菊を育て上げ（土づくりからしっかりと行なうのである。もちろんわれわれ子どもたちも手伝わされた）、展覧会にも出品していた。

菊たちは、出品までは、花の形や全体の姿を美しくするため、細い竹の棒を茎にそわせてまっすぐにし、その先に、針金でつくった渦巻き状の杯（蚊取り線香のような形状）を差しこんで花を支えた。

そういった地道な努力が実り、その年も自慢の菊が母屋の東側の端から一〇個ほど並べられ、出品を待っていた。

そんなときに事件は起きた。

小学校の低学年だった私は、山での遊びを終えて家に帰ってきた。何か急ぎのことがあったのだろう。走っていた。そして、母屋の東側から表側へと曲がるカーブを、速度を緩めることなく、**ぎりぎりのコースで駆けぬけた。**

そのときだ。

手に何かが当たったのを感じて振り返ると、**菊の花が空を舞っていた**（特に説明はいらないだろう）。

その直後、私がやったこと………、あまり話したくないのだが、でも話したい。

父の努力を知っていた私は、コンクリートの上に落ちた菊の花を、もう無我夢中で拾い上げ、竹の棒の先についていた、花を支えるための〝渦巻き状の杯〟の上にそっとのせたのだ（つまり、キクガシラコウモリのときと同じように、もとの場所にもどしたのだ）。

花は見事に復活した。

形といい、艶といい、ビシッとして茎の上あたりについている。どう見ても事が起こった前と変わらない。

小林少年は、「何かあったかもしれないが、もとにもどったのだ」と自分に言い聞かせて、………先へと進んだのだ。

でも菊はキクガシラコウモリとは違う。

その花は、だんだんと茶色になっていく。↓父親は異変に気づき原因がわかる。↓小林少年が疑われる。そして尋ねられる。↓正直者の小林少年は潔く真実を話す。↓☆♨☠✺👀………。

またまた寄り道が長くなった。話をもどそう。

一つ目の〝ゆでたまごドーム〟の調査が終わったあと、われわれは奥の〝ゆでたまごドーム〟の調査に取りかかることにした。

もちろん私が先頭に立った。四つん這いになったり、二足歩行になったりしながら、通路を進み、ああ懐かしの宮殿!に再会したのだった。

RyくんもSoくんも、「はーっ」とか「へーっ」とか言いながら驚いていた。

そうだろう、そうだろう。**どうだ、すごいだろう。**私は、もう、**自宅に招いたような気持ち**である。

ところで、今回の宮殿は、**春の宮殿とは様子が違っていた……。**コウモリたちの姿がまばらなのだ。

コキクガシラコウモリがまばらに天井にぶら下がっているのが見られただけだ。

理由?

それはわからない。

ただし、可能性として考えられるのは、宮殿のなかの妙な暖かさと湿度だ。

手前の〝ゆでたまごドーム〟内の温度、湿度が、一二℃、八八パーセントだったのに対し、宮殿のなかは、一六℃、九〇パーセントだったのだ。

少なくとも日本の洞窟性コウモリでは、冬眠のためには、ある程度、温度が低くなければならないことが知られているが、キクガシラコウモリにとって宮殿は、温度が高すぎたのかもしれない（あとでわかることなのだが、春の繁殖期には、宮殿は出産の場所として賑やかに使われることになる）。

私は自宅をすごく自慢しようと思ったのに、**ちょっと拍子ぬけ**のところがあったが、それでも宮殿は、何度見てもすごい。

そして次の瞬間、私は、また、**自宅の新たな自慢を見つける**ことになる。

赤いライトを当てながら、天井から下方へと移していった私の目に、ちょうど宮殿の一番奥、地面から二メートルくらいの高さのところで、**異様な光が反射してきた**のだ。その二つの光は横に並んでいて、動物の目のように思われた。結構大きな動物だ。

私の胸は高鳴った。

これはただごとではないと感じた私は、ゆっくりと、対象を驚かせないように弱い光を対象の周辺に当て、徐々に中心へと移動させていった。

そこで私が目にしたものは………。

宮殿の奥の台座に、背筋をのばして座る「ハクビシン」だった。

神々しいとはこんな姿をいうのだろう。宮殿の奥は、地面から天井にのびる階段のような構造になっていた。その中腹の、踊り場のようになった場所にハクビシンは、すくっと座していたのだ。

中国では、ハクビシンがキクガシラコウモリが保有するウイルスをヒトに媒介する可能性も指摘されており、日本でもハクビ

宮殿の奥の台座にいたハクビシン

シンがなにかひどい害獣のように思われている空気がある。

確かに外来種でもあるし、「神々しい」という表現に違和感をもたれる方もおられるかもしれない。

でも、**率直な気持ちだ。**私は宮殿のなかのハクビシンを**「神々しい」**と感じたのだ。同時に、**野生の威厳と悲哀を帯びた動物**と感じたのだ。

学生たちも私の後ろからその姿を息をひそめて見つめていた。

やがてわれわれは、宮殿から去り、海蝕洞をあとにした。


ちなみに、そのとき、大学の研究室で実験に協力してもらうユビナガコウモリとキクガシラコウモリを雌雄数匹、連れ帰るのを忘れなかった。一つ目の〝ゆでたまごドーム〟で捕獲した個体たちだ。

そしてここから、話は、本章の中心テーマである「コウモリは結構ニオイに敏感だ！」に移っていくことになる。


さて、読者のみなさんは、「コウモリ」と聞くとどんなことを思い浮かべるだろうか。

なかには「超音波」と答える方もおられるかもしれない。

そう、多くの、特に小型のコウモリのほとんどはヒトには聞こえないくらいの高周波の音（それをヒトは〝超音波〟と呼ぶ）を口や鼻から発し、それがものに当たってはね返ってくる音を耳で受信し、外界のものの状態や動きを知るのである。

ちなみに、「はね返ってくる音波によって外界の状態を知る」なんて、なんて変わった能力なのだろうかと、読者のみなさんは思われるかもしれない。でも、その方法は、われわれ**ヒトが外界を知る方法とそんなには変わらない**のだ。

というのは、たとえば、ヒトが外界を知るとき最も頼りにする方法は「見る」ことだが、見るということは、外界に当たってはね返ってくる光を受信しているのである。

外界の事物に当たってはね返ってくるのが**「光」**か**「音波（空気の振動）」**かの差であって、本質的に違いはない。

もしコウモリがヒトのような思考をする動物だったら、「へーっ、ヒトという動物は、音波じゃなく光で外界の認知をするんだ」と驚くだろう。

でもまー、いずれにしても、暗闇を生きるコウモリにとっては、（超）音波はとても大切な外界認知情報であり、これまで、そして今も、その情報処理の仕組みについてはさかんに研究がなされている。

一方、私が最近興味をもって調べているテーマは、**コウモリのニオイ認知能力だ。**

毎日、コウモリたちと顔と顔をつきあわせて接していると、ユビナガコウモリにしろ、モモジロコウモリにしろ、キクガシラコウモリにしろ、**立派な「鼻」をもっている**ことに気づかされる。

でもそれは当然といえば当然のことなのだ。なにせコウモリは哺乳類なのだから！

ヒトという哺乳類はちょっと変わっていて、嗅覚より視覚のほうが発達しているが、ほとんどの哺乳類は嗅覚がとても発達しているのだ。

さらに、コウモリのように、闇のなかで活動

“ゆでたまごドーム”から連れ帰ったユビナガコウモリ。コウモリのニオイ認知能力の実験に協力してもらう

する哺乳類にとって、ニオイは大切な情報であるはずだ。

ところが、これまでの研究を調べてみると、コウモリ、特に超音波を駆使する小型のコウモリ類では、彼らのニオイ認知能力についての研究は驚くほど少ないのである。コウモリ＝超音波という図式があまりにも強烈すぎて、ニオイ認知能力に注目する研究者が少なかったのかもしれない。


私のゼミのＮｍさんは、卒業研究で、なかば**私に引きずられるようにして、**ユビナガコウモリのニオイ認知能力について調べている。

念のために申し上げておくが、Ｎｍさんは哺乳類が好きなので、ユビナガコウモリの嗅覚の研究を喜んでやっている。**きっとそうにちがいない。**そうだよね、Ｎｍさん。

そしてすでに、その研究の成果はかなりあがっており、**とても面白い、**かつ、明白な実験結果が得られている。

結論から言うと、ユビナガコウモリはそれはもうかなり**ニオイ識別能力が高い**のである。

実験は単純だが、ユビナガコウモリの習性（ユビナガコウモリは〝コウモリ〟なのに地面をよく歩く！）をうまく利用した、それはそれは見事な設定である。

原案は、毎日毎日コウモリたちを観察してきた私が考えたのだが、実験の核になる〝T字の通路〟はNmさんが一日でささっとつくった。あとでわかったことだが、Nmさんは図工が好きだった（得意でもあった）のだそうだ。

上面だけは透明のアクリル板で、ほかは板でできている（次ページの写真がそれである）。

われわれは「T字通路」と呼んでいる。

長くなるので実験の詳細は省略するが（この研究の一部はすでに論文にして発表している）、T字通路の上腕の左右両端にニオイの源（ニオイのついた布の手袋）を置き、手前の通路の口からユビナガコウモリを入れるのだ。するとコウモリは、自主的に前へ前へと進んでいき、前方のつきあたりでどちらかに曲がる。

動かない場合には、**ちょっ、ちょっ、と尻をつつく。**そうするとユビナガコウモリは、**「やめてよ」**みたいな感じで動き出す。

曲がり角のあたりでは、首を左右に振り、さかんにニオイを嗅ぐ行動が見られる。

われわれは、それらの行動と、ユビナガコウモリが、それぞれ異なったニオイ源が置いてある、どちら側の通路に曲がるかを調べたのである。

左右の端にニオイの源が置かれたＴ字通路のなかを“交差点”に向かって進んでいく（上）。曲がり角の前あたりで、首を振ってのニオイ嗅ぎ行動が一番よく見られた（下）

そして**結果は明白**だった。

実験の結果わかったことは、次のようなことである。

T字通路の上腕の左右両端に置くニオイ源を、同種（つまりユビナガコウモリ）の体のニオイと、異種（つまりキクガシラコウモリ）の体のニオイにした場合、ユビナガコウモリは、ほぼ例外なく同種のニオイ源のほうへ曲がって進み、最後はニオイ源の布手袋に接触する。最初、異種のニオイのほうへ曲がり、途中で**「こりゃ間違えた」**とばかりに、Uターンして、同種のニオイ源へ到達する場合も数回あった。しかし一〇回以上の試行において、最終的に同種のほうへ行かなかったことは一度もない。

首を振ってのニオイ嗅ぎ行動については、曲がり角の前あたりで一番よく見られた。超音波については、ニオイ嗅ぎ行動が起こっている間は抑えられ、それ以外の時間には連続的に発されていた。

ちなみに、ちょっとだけ解説を入れておくと、最初から**こんなに実験がうまくいくことは、通常はまず……ない。**

それは研究者なら誰でもそうだろう。

基本は失敗。何度仮説を打ち砕かれてもへこたれずに続けていると、うまくいくときがある。もし最初からうまくいったとしても、やり方は**繰り返し繰り返し改善**しなければならない。

時には、最初、「これは仮説が的中した（かもしれない）！」と思っても、繰り返して実験していると、じつはそうではなかった、ということもしばしばある。偶然、連続して仮説に合致する結果になる場合もあるのだ。

だから、Ｎｍさんと行なった「ユビナガコウモリのニオイ認知」の実験でも、最初の数回、同種のニオイのほうへ曲がっていく行動が見られても私は喜ばなかった。そういうことは、**偶然起こりうることなのだ。**

でも、ニオイ源の側をランダムに変えたり、コウモリの個体を変えてやっても同じこと（同種のニオイのほうへ近づくということ）が続くと、**だんだんと興奮してきた。**

そしてこれはもう間違いない、というくらいの実験回数になったころには**Ｎｍさんと大喜びした。**直感的に考えた仮説や実験法が、こんなにもすぐに実を結んだ体験はほんとうに数えるほどしかなかったのだ。

さて、では、ユビナガコウモリの、この「ニオイによる同種認知能力」は、彼らの生活のなかでどのように役立っているのだろうか。

動物行動学にとって、**この問いは重要だ。**動物行動学は、その動物の生存・繁殖における意味を絶えず考えているからだ。

「ニオイによる同種認知能力」が役立っている場面として、まず、私の頭に浮かんだのは、洞窟の天井に、それぞれの種がかたまってぶら下がっている姿だ**（まーだれでもそう考えるだろう………**とは言わないでほしい）。

基本的には彼らは、洞窟のなかで、同種同士で寄り集まる。時に、別種が数個体だけまじっていたり、ある種の同種同士の集団と、また別の種の同種同士の集団が、互いに引っつきあったりしていることもあるにはあるが、通常は同種のみの集団がつくられる。

そんな同種同士の集団の形成には、**「ニオイによる同種の認知」が一役買っている**ことは想像に難くない。つまり、同種のニオイを感じてそこへ近づいていくのだ。

「ニオイによる認知」の実験はこれでは終わらなかった。

「同種・異種のニオイ識別」実験の次に行なった実験の結果は、**われわれをもっと驚かせた。**

次の実験では、ユビナガコウモリは、自分と、同種の他個体の体のニオイを識別するかどうかを調べたのだ。

まさかそこまでは区別はできないだろう（仮に多少の区別はしていても、それが明確な行動に表われることはないだろう）と思っていたのだが、同種・異種の識別の実験で調子づき**そのまま、勢い（！）でやってみた**ようなものだった。

ところがユビナガコウモリは、自分のニオイと、それまで接触したことがない同種他個体のニオイとを識別できるのだ。識別して、ほぼ例外なく、自分のニオイ源のほうへ近づいていくのだ。

私は、**「あんた、イヌでもないのに、どーしてそんなことができるの！」**みたいな気分だった。驚きの結果だった。

自分のニオイの認知が、彼らの生活のなかでどのように役立っているのかは簡単には推察できない。強いて言えば、自分の体のニオイがついている〝自分の子ども〟（彼らは洞窟内に自分たちの子どもを集団にして残して、夜の狩りに出る。もどってきたら間違うことなく自分の子どもを、子ども集団のなかから探し当てるらしい）の識別に使っているとか……。
あるいは、洞窟のなかで自分がいつもぶら下がっている（ユビナガコウモリは、ぶら下がる場合と同じくらいの頻度で、体を壁にくっつけてへばりついている）お気に入りの場所があり、自分の体のニオイがついていると思われるお気に入りスポットの確認のために使っているとか……。

まー、「わからない」、ということだ。

コウモリとこんな実験のやりとりをしながら、そしてなにより毎日の餌やりなどを通したつきあいを経て（ある個体について実験が終わったらもとの洞窟に帰ってもらい、新しい個体に来てもらう、というやり方をしているので、同じ個体とは長くても一カ月程度のつきあいだが）、私はコウモリたちの顔や体、表情、鳴き声（超音波以外に可聴音も発するのだ）、動作、行動などについての理解を増やしていったのだった。自分で言うのもなんであるが。
今回は、特に、ユビナガコウモリのおかげで、**コウモリのニオイ認知の世界に足を踏み入れ**させてもらった。

それはちょうど、「山のなかで探し求めた洞窟にやっとめぐりあえ、入り口に立ってなかをライトで照らした」、そんな状態だ。

これから洞窟の探検が始まるのだ。**ジャーーン！**

コウモリは結構ニオイに敏感だ！

海蝕洞のなかから外を見る。海はすぐそこにある

モモンガの天敵たち

ニホンモモンガについての研究は
とても遅れているのだ

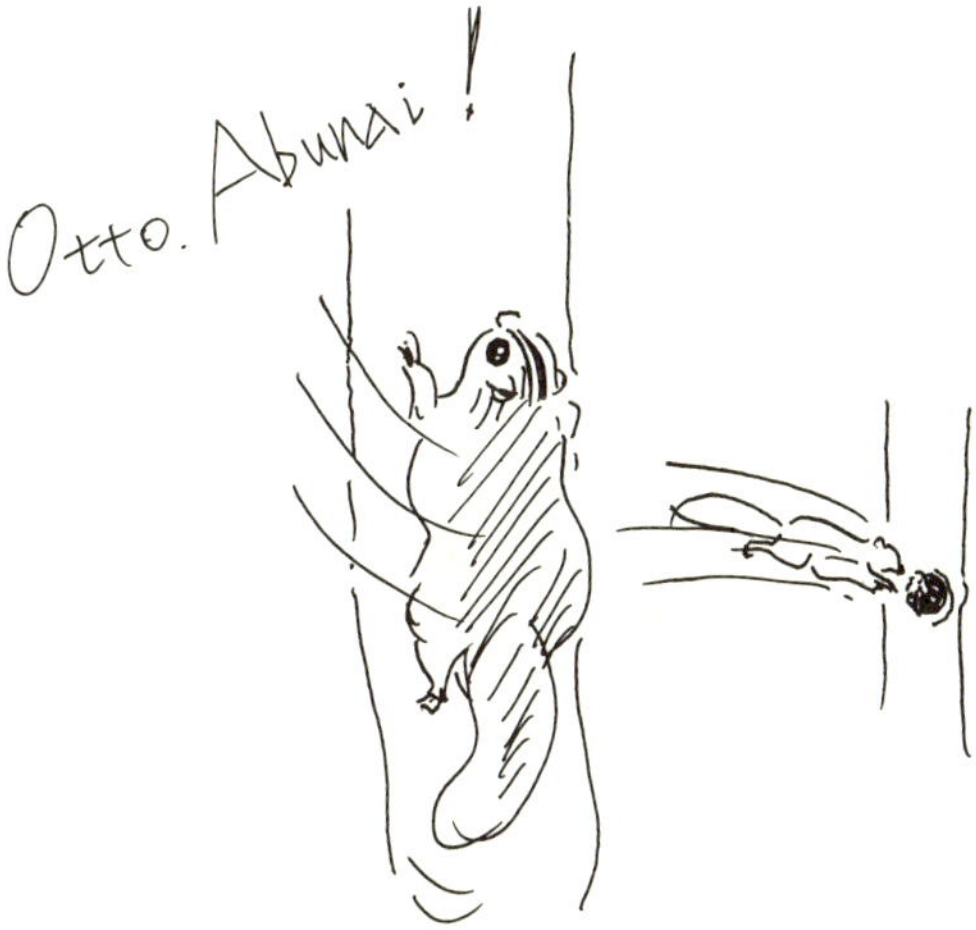

読者のみなさんは、ニホンモモンガの天敵は何か、ご存じだろうか？

昼行性で樹上と地上の両方で過ごすリス（シマリスやニホンリス）では、ヘビ、キツネ、タカなど、いろいろな動物が考えられる（そして実際に学術的な報告に記載されている）が、ニホンモモンガは、夜行性で、生活の場のほとんどが森の上層だ。キツネが木に登ってニホンモモンガをねらうことはほとんどないだろう。

一方、**ヘビは……、**さすがにヘビのなかには木に登って巣穴に入るものもいる。

ニホンモモンガではないが、動物写真家の富士元寿彦《ふじもととしひこ》さんは、『飛べ！エゾモモンガ』（大日本図書）のなかで、シラカバの樹洞内の子エゾモモンガが、アオダイショウに襲われた事件を、写真もそえて書かれている。木登り名人のアオダイショウが、ニホンモモンガを捕食することは十分ありうることだ。

さらに、夜の森を、木から木へと滑空するモモンガの天敵として、もう一つ忘れてはならないのは……**フクロウだろう。**暗闇でも視覚も聴覚もしっかり働くフクロウにとって、樹上の葉っぱを食べ、木の上下、木の間（空中）を移動するモモンガはかっこうの獲物ではないだろうか。

ニホンモモンガについての報告はまだないが、北海道に生息するフクロウ類（エゾフクロウ、シマフクロウなど）がエゾモモンガを捕食している多くの事例が学術論文でも報告されている。

本州でも、フクロウがニホンモモンガを捕食している可能性はかなり高い。

ちなみに、とにかくニホンモモンガについての研究は、たとえばエゾモモンガの研究と比べ、非常に遅れている。その主要な理由は、ニホンモモンガが（エゾモモンガと異なり）高地にひっそりと生息し、夜行性でおもに木の上層で生活していることにあると私は思っている。

ではこれから、私が実験室や大学林の野外ケージ内で行なった、捕食者候補動物（ヘビとフクロウ）に対する**ニホンモモンガの反応を調べる実験**についてお話ししよう。

まずはフクロウのほうからだ。

岩手大学大学院の鈴木圭さん（現在は水産総合研究センター所属）たちは、エゾモモンガがフクロウの鳴き声に反応して動きを止めたり（フリーズするのだ）、巣箱に逃げこむことを発見し、いくつかの学会で発表されている。

その発見に触発されて、私も、大学林の野外ケージで飼育している研究用のニホンモモンガで、フクロウの鳴き声を聞かせる実験を行なった。

野外ケージでは、鳥取県智頭町《ちづちょう》の芦津《あしづ》の森から連れ帰ったニホンモモンガ、二〜三匹が、冬をのぞく期間、いつも飼育されている。

いくつかの実験を行なっており、それらの個体での実験が終わると渓谷に返され、また新しい二〜三匹の個体が連れてこられる。

それを繰り返して実験の個体数を増やしているのだ。

餌台と化した巣箱の上で、仲良く並んで餌を食べるニホンモモンガ

ニホンモモンガは基本的に夜行性だ。でも、昼間、巣箱から外に出ていることもあり、ケージ内では、前ページの写真のように、お互いにケンカすることもなく、仲良く餌などを食べている。

大学林の野外ケージに来てもらったモモンガのなかには、なんだかとても私になつく個体もいる。そういうモモンガは、たまたま巣から出ているときに私が訪れると、ケージの網越しに私に近寄ってくる。

「おじさん、また来たの?」みたいな感じである。

私も、**「元気か、今日は何食べたの?」**みたいな会話をして、さらに親交は深まっていくのだ。でもあまり親交が深まりすぎ

「おじさん、また来たの?」
なかには私になついてケージの網越しに近寄ってくる個体もいる

ると実験に差し障るので、ほどほどにしておく。

ただ、そういうモモンガを森に返すときは、ちょっとさびしい気がする。


さて実験だ。

私は、まずは昼間、二匹以上のモモンガが巣の外へ出ているときをねらい、フクロウの鳴き声を聞かせてみることにした。

モモンガは、私がケージ内に入るとそれなりに緊張するので、ケージの外側からフクロウの鳴き声を再生するという計画にした。できればモモンガたちが、リラックスして餌でも食べているときに再生してみたいと思ったのだ。

一見、単純に見える実験だが、その**奥にある深遠な意味を見逃してはならない。**

実験、あるいは研究で大切なのは、「どれほど高級な機器を使って、どれほど複雑なことを調べたか」ではない。**重要なことは、**「その実験が、対象となる生物についての理解をどれだけ深めるか（どれだけ新しい知見を明らかにできたか）」であり、また、「実験のデザインが、調べる対象生物の習性をどれほど考慮したうえでなされているか」である。

この実験はそういう**目に見えない熟慮**を深く有しているのだ。でもやっぱしかなり単純だけど。

そしてチャンスはほどなく訪れた。

ある日の午後、野外ケージを訪ねると、モモンガが二匹、仲良く、〝大きな〟巣箱の上でヒマワリの種子を食べていた。

ちなみに、その〝大きな〟巣箱というのは、森でも野外ケージのなかでも、巣としてはモモンガたちには人気がなく、ケージのなかではもっぱら餌台として利用されていた（奮発してソファーを買って部屋に置いたのに、いつのまにか、単なる物置用の台になってしまったようなものだ）。

その上にヒマワリの種子を置いておくと、二匹、時には三匹のモモンガが一緒に食べた。

さて、ゆっくりとケージに近づいた私は、ボイスレコーダーからフクロウの鳴き声を、モモンガたちに向けて流した。彼らがどう反応するか、**もうワクワクである。**

ホーッ、ホッホホーッ、ホーッ、ホッホホーッ

フクロウの鳴き声が数回流れた。

でも二匹のモモンガは、なに食わぬ様子で、餌を食べつづけている。


えっ！ 君らはなんにも反応せんの？


そう思った瞬間だった。

二匹のうちの一方が突然、体に電気が走ったかのように身をかがめ（体中に緊張感がただよっている）、餌台から、それを取りつけている木に跳《と》び移った。木に体をピッタリくっつけている。

そして次のホーッ、ホッホホーッが流れたとき、もう一方のモモンガも木に跳び移り、それから**餌台のまわりは大変なさわぎ**になった。

二匹のモモンガのめまぐるしい動きが始まった。

最初に木に跳び移ったモモンガは、金網に跳びつくと素早く移動し、木の後ろ（フクロウの鳴き声が聞こえてくる方向から隠れるような位置になる）で身を潜めた。微動だにしない。

もう一匹のモモンガは木からジャンプして滑空し、自分がねぐらにしている巣箱にもどり、なかにとびこんだ！

イヤーッ、驚いた！

こんな激しく動くニホンモモンガの姿を見たのははじめてだった。

「君らもやるねーっ」みたいな気持ち。

野生生物の本能はじつにしっかりしている。身を守ることに適応した認知や行動は、妥協なく進化しているのだ。

そして間違いなく、ニホンモモンガについての科学的理解は深まったのだ。

充実感たっぷりのうれしさに包まれる私だったのだ。

その後、昼に数回、夜にも数回、同様の実験を行ない、ニホンモモンガのフクロウに対する反応が安定して起こることを確認した。

また一方で、フクロウとは異なる無害な鳥としてカッコウとキジバト、シジュウカラの鳴き声を聞かせ、モモンガの反応を調べた。それは次のような点を確認したかったからだ。

「ニホンモモンガがフクロウの声に反応したのは、単に〝鳥〟の声に反応したのではなく、〝フクロウ〟と認知したうえで反応した」

予想どおり、モモンガたちは、カッコウ、キジバト、シジュウカラの鳴き声を聞かせても、まったく警戒行動を示さなかった。

さて、一連の実験のなかで私は、フクロウやカッコウ、キジバト、シジュウカラ以外に、別の種類の鳥の声を聞かせて反応を調べた。

その鳥とは何か？　読者のみなさんはおわかりになるだろうか。

その鳥はシマフクロウである。

シマフクロウは日本では北海道のみに生息するフクロウで、ニホンモモンガが生息する本州にはいない鳥（猛禽類）である。つまり、それぞれの歴史のなかで、ニホンモモンガとシマフクロウは直接接触したことがない可能性が高いのだ。

そうなると、進化的適応という視点から推察して、ニホンモモンガはシマフクロウの鳴き声には反応しない可能性が考えられる。なぜなら、進化は、それぞれの生物において生存・繁殖にとって**無駄なエネルギーの消費はなくなる**ように進むと考えられるからである。

ニホンモモンガがシマフクロウの鳴き声に反応することは、(そもそも両者が接触することはないのだから)〝無駄なエネルギーの消費〟にあたると推察されるのだ。

ちなみに、フクロウの鳴き声とシマフクロウの鳴き声は、まーどちらもフクロウ科の鳥だから、ある程度似ているのは避けられないとしても、それでもかなり違っている。

フクロウが**「ホーッ、ホッホホーッ」**なら、シマフクロウは**「ブーッ、ブフォーッ」**だ。

さて、このシマフクロウの声に、**ニホンモモンガはどう反応したか?** あるいは反応しなかったか?

反応したのだ。

フクロウに対する反応と同じくらいあわてて警戒行動や逃避行動を示したのだ。

私は**ちょっとがっかりした。**でも、けっしてニホンモモンガに向かって**文句を言ったりはしなかった。**

餌台の上で餌を食べる２匹のニホンモモンガ

フクロウの鳴き声に反応して木に跳び移る

急いで巣箱のなかにとびこむ個体（左側）や、木の陰に隠れじっとする個体（右側）

上の写真の、巣箱のなかにとびこむ個体を拡大したもの

動画からの写真なので見にくいが、破線矢印の先にモモンガがいる。直線矢印の先は、モモンガの尾を示している（尾は飛翔をともなうモモンガの動きを助けるようによく動く）

ニホンモモンガにも理由があるのだろう。
今、私に考えられる理由は、次の二つだ。
①ニホンモモンガ（あるいはその直近の祖先種）とは、過去のある時点において、ある程度長い期間、接触する場所に生息していた。
②私には、フクロウとシマフクロウの鳴き声の間には、「ホーッ、ホッホホーッ」と「ブーッ、ブフォーッ」くらいな差があるように聞こえるが、ニホンモモンガは、シマフクロウの鳴き声のなかに、フクロウの鳴き声の重要な要素を聞いている。
さて、この問題も今後の課題ということになる。

では、このへんで、もう一つの捕食者候補動物についての話に移ろう。
ヘビのことである。

ところで、読者のみなさんは、私のライフワークの一つが、「齧歯《げっし》類などの小型哺乳《ほにゅう》類のヘビに対する防御行動の研究」だということをご存じだろうか。
そのように決めたきっかけの一つは、シベリアシマリスがヘビに対して示す（やがてSSA

と名づけられることになる）じつに面白い行動を発見し、その行動の特性や効果を調べたことだった。とても**スリリングな研究の体験**だった。

その後、たくさんの種類の小型哺乳類で、彼らの対ヘビ行動を調べてきた。

いろいろ面白い行動を見つけてきたが、法則的な傾向を述べると次のようになる。

対ヘビ行動にはその特性に関して二つの軸がある。

一方は、「ただ逃げたり隠れたりするだけの逃避か、ヘビのほうに砂をかけたり、その体に素早く噛みついたりするような攻撃的な行動か」という**〝攻撃性〟の軸**である。

そしてもう一方の軸は、「他個体にヘビの存在を知らせるような、鳴き声や尾振りなどによる信号的な行動があるかないか。あるとすればどの程度めだつ信号的な行動か」という**〝信号性〟の軸**である。

結論から言うと、攻撃性の軸は、その動物種の**体がどれくらいのサイズか**と深く関係している。体が大きい種では、対ヘビ行動のなかに、攻撃的な行動が多く含まれる傾向があり、小さな種では、逃げの行動が多く含まれる。

一方、信号性については、その種が、他個体と比較的密に接する**社会性の動物か、それとも**

単独性の傾向が強い動物かによって大方の予想はできる。
もしその種が前者のような動物であれば、鳴いたり尾を激しく振りつづけたりする信号性豊かな行動が多く含まれ、後者のような動物であれば、信号になるような行動はあまり含まれない。

いくつか例をあげてみよう。

たとえば単独性で、比較的体が大きい**ゴールデンハムスター**では、ヘビの一瞬の隙をついてその体に噛みつく、といった攻撃的な行動をとるが、一方、鳴いたりするような信号的な行動はとらず、攻撃したらさっさとヘビから離れる。

体が大きく、他個体と密着した群れをつくる性質をもつ**プレリードッグ**は、ヘビに砂をかけたりヘビに噛みつく行動を示し、ヘビの周囲でさかんに鳴く。

単独性で体が比較的小さい**カヤネズミ**や**ジャンガリアンハムスター**は、声を発したり尾を振ったりすることはなく、ひたすらヘビから離れようとする。

体は大きくないが群れ的な社会性が発達している**スナネズミ**では、攻撃的な行動はとらないが、後ろ足を地面にたたきつけて音を出す「足踏み（foot stamping）」と呼ばれる信号性をもった動作をさかんに行なう（ちなみにここでご紹介した対ヘビ行動は、プレリードッグのケースをのぞいてすべて私が明らかにしたものである)。

そしてそういった大まかな傾向をふまえたうえで、シベリアシマリスやヒメネズミのような、特殊な対ヘビ行動を発達させた動物たちもいる(彼らの〝特殊な〟行動は、「先生!シリーズ」のなかでたびたび紹介してきた)。

さて、そうなると当然のことながら、私が、「ニホンモモンガが捕食者候補のヘビに対してどのような行動をとるか」を調べたいと思うのは自然なことだろう。

早速、私は、そのための実験を行なうことにした。

おそらく、日本ではもちろん**世界でも行なわれたことはない実験**だと思う(大げさに言うがそれはたぶんほんとうだ。私みたいな人間でなければ、そんな実験はしない。でも実際、モモンガをより深く理解するうえで重要な実験なのだ)。


野外でのモモンガ調査を始めて数年たったある日、私は思い立った。

鳥取県智頭町芦津の森から子育て中のモモンガを、巣箱(調査用にわれわれが樹木に設置しているのだ)ごと大学に連れて帰った。どうせ調べるなら、(巣穴内で襲われる可能性が高い)**子モモンガの対ヘビ反応**や、子モモンガを育児している(つまり守るべきものがある)**母**

モモンガの対ヘビ反応が調べたかったのだ。

そのころは野外のケージもできていなかったので、私は、大学の研究室のなかで実験を行なった。モモンガ親子が巣箱から出て活動を始める夜に。

実験の設定は以下のとおりだ。

六〇センチ四方のケージを二つ用意し、二つのケージをアルミ製の通路でつないだ。森から運んできた、親子が入っている巣箱を一方のケージに入れ、水と餌を与え、数日間その環境に慣れさせた。

モモンガ親子は夜になると、巣箱から出て、通路を通って二つのケージを行き来し、餌を食べたり水を飲んだりした。

母子がケージに慣れたら、いよいよ実験だ。

研究室で飼育しているアオダイショウ（アオという名前で、頭から尻尾の先までの長さが一三〇センチくらいである）を、麻酔で動けないようにし、モモンガ親子の巣箱が置かれていないほうのケージに置いたのである。

もちろんモモンガたちの行動を撮影するために、近くにビデオカメラを設置した。真っ暗な状況での撮影である。

ワクワクしながら待っていると、やがて、まず母モモンガが巣箱から出てきた。しばらく巣箱のあるケージのなかで活動していたが、いよいよ通路に入り、(麻酔された) ヘビがいるケージに移動しはじめた。

今までならすぐに通路から出て先のケージで活動したのだが、**このときは違っていた。**通路から顔を出し、緊張した様子で先のケージ内を見ている。おそらくヘビのニオイに気づいたのだと思う。

やがて意を決したようにゆっくり通路から出ていき、ヘビから離れた枝の上に移動し、そこで動きを止めた。**ヘビのほうを注視するような姿勢**である。尾は背中の上に大きくかぶさっている。ほかの多くのリス類が、緊張時に見せる姿勢だ。

すると突然、母モモンガが、**枝の上にのったまま、ある動作を始めた。**足踏み (foot stamping) である。

この動作も、ほかの、リス類を含めた齧歯類で見られる行動である、相手への威嚇や警戒を示す行動だ。

私は興奮した。

樹上性のリス類であるニホンモモンガでもやるんだ。そして、ほかの齧歯類はほぼ例外なく地面の上で行なうのだが、さすがにモモンガだけあって、木の枝の上で行なうのか！……みたいな。

足踏みにより枝が揺れてほかの枝と擦れあい、足が枝をたたく音とともに暗闇のなかで結構大きな音がした。

そしてこのとき、私は**もう一つ興味深い事実**に気づいていた。

ほかのリス類なら、こういう場面でまず行なっていただろう「尾振り」をモモンガは行なわないのである。

その理由を私は次のように考えた。

「ほぼ完全な樹上性であるモモンガにとって、その大きな尾を振ることは、バランスを失うことにつながり、危険である」、また、「葉をつけた枝の間で尾を振っても、仲間からはよく見えない」。

その行動に見入っていると、いつの間に巣から出てきたのか、今度は、**子モモンガが通路から、ヘビがいるケージにやって来た。**（たぶん、はじめて出合ったであろう）ヘビに対して、明らかに警戒している様子で、ヘビのほうへは近づかず、通路の上に上がってヘビを注視しは

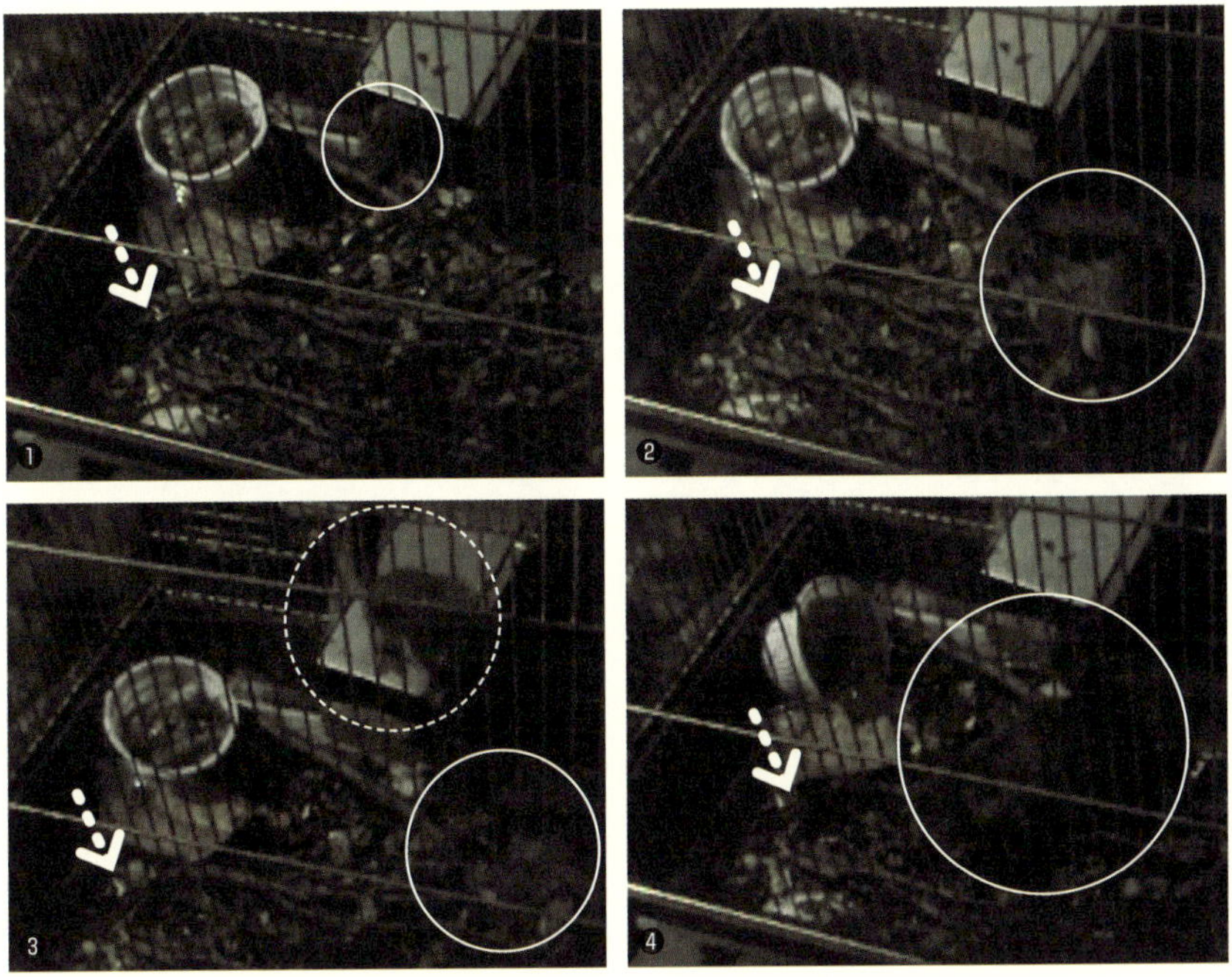

❶麻酔したヘビ（点線矢印の先）がいるケージに、通路から顔を出す母モモンガ（○のなか）
❷おそるおそるヘビから離れた枝の上に移動し、足踏み（foot stamping）をしながら、ヘビの様子を注視する
❸やがてケージに子モモンガ（◌のなか）がやって来て通路の上でヘビのほうを見ている
❹母モモンガが突然、ヘビに向かって攻撃する。子モモンガは通路をもどって巣箱に入ってしまう

じめた。
ヘビのニオイに反応しているような印象を受けた。

これも興味深い発見だった。子モモンガも本能的にヘビを警戒することを示唆していた。

ところが次の瞬間、**もっと驚くことが起こった。**

母モモンガが突然身をのり出したかと思うと、ヘビに攻撃したのだ。少なくとも私にはそう見えた。ヘビの体表に噛みついたように見えた。

母親のその行動と同時に、子モモンガは通路にとびこみ、巣箱が置いてあるケージにもどって巣箱に入ってしまった。

母モモンガは、ヘビにとびかかったあと、ヘビから離れ、また枝の上にのってヘビを注視し、時々足踏みをした。

やがて、母モモンガも通路を通って巣箱が置いてあるケージにもどり、巣箱に入った。

そこで撮影を終え、実験を終わりにした（アオもやがて麻酔から覚め、その体にほとんど傷はついていなかった）。

私は一息つき、**一連の出来事を反芻《はんすう》しながら、**母モモンガの行動について次のような解釈をした。

母モモンガがヘビを攻撃したのは、子モモンガが近くに来たためではないだろうか。子の危険を感じ、ヘビを攻撃したのではないだろうか。

ちなみに、ニホンモモンガは、もちろんムササビほどではないが、リス類のなかでは比較的体が大きいほうである。そのニホンモモンガがヘビにとびかかったという結果は、「体が大きい種では、対ヘビ行動のなかに、攻撃的な行動が多く含まれる傾向がある」という、小型哺乳類の対ヘビ行動に関する **〝小林の法則〟に合致**するものである。

そして子モモンガがヘビから離れたのを見て、また、ヘビが動かないのを見て、母モモンガは、巣にもどったのではないだろうか。

さて、「読者のみなさんは、ニホンモモンガの天敵は何か、ご存じだろうか?」で始めた本章も、このあたりで終わりとなる。

一方、読者のみなさんは、「その後、モモンガの天敵に対する行動の研究はどう進んだのか」と聞かれるかもしれない。

残念ながら、その後、**ほとんど進んでいない。**その理由の一つは、本章でお話ししたような一連の実験は、簡単なようでじつは難しいのだ。ニホンモモンガの習性などについてある程度知っていなければ、実験の設定や、実験中の調整ができない。フクロウの声やヘビとモモンガとが出合う場面は、そうそうこちらの思いどおりには設定できないのだ。準備も含めて結構、時間とエネルギーもかかるのだ。

そんななかで、緊急性の高いほかの研究や教育、事務仕事に追われ、あとまわしになっている、といったところだ。

でも、今回はお話しできなかったが、モモンガの森での調査も含め、モモンガ研究は少しずつだけれども進んでいる。芦津モモンガプロジェクトも、モモンガグッズの販売を中心に続いている。

先日は、私の大学のアドレスに、シンガポールの男性（フィリースさん）からメールがきた。芦津モモンガプロジェクトのホームページを見て、「モモンガ・エコツアーに是非参加したい」という内容だった。

海外からのメールははじめてだったので、私もちょっと驚いて、**どれほど本気か尋ねてみた。**

本気だそうだ。

モモンガの森は、冬は雪に覆われ、近づくこともできないので、春になったらまた連絡します、と返事しておいた。

研究室に貼ってあるニホンモモンガの写真に目をやりながら、「芦津渓谷のモモンガの森に海外からも人が集まるようになったらいいだろうなー」と思った。そして、ツアーでは、大学にも寄ってもらって、「フクロウの鳴き声に反応するモモンガの実験の見学」もメニューにしたらいいかもしれない。

いろいろ思いは広がる毎日である。

トチノキとヤギたちの物語

読者のみなさんは「トチノキ」という名の木をご存じだろうか。

大きいものは高さ三〇メートル、直径四メートルにもなる、巨木の素質を秘めた山の木である。ちなみにフランスでは近縁種のセイヨウトチノキをマロニエと呼ぶらしい（ナンカカッコイイ）。

トチの実は、日本では縄文時代から、アクぬきをしてさまざまな調理法で食べられており、今でも秋になると山に入ってトチの実を集める人は多い。


二〇一四年の三月、そのトチノキがヤギ部のヤギたちの放牧場に植えられることになった。大学の駐車場の改築にともない、駐車場のそばに植えられていたトチノキが立ち退かなくてはならなくなったのだ。

そして事務のSさんが、ありがたいことに、**「ご希望があったらそこへ植えますよ」**と言ってくださったのだ。ヒトで言えば青年になりたてくらいの、幹の直径が一四センチの木だった。

それは**願ってもないことだった。**

というのも、四〇〇〇平方メートル以上あるヤギの放牧場には、木らしい木が一本もなく（かつて部員が何度か、果樹を植えようとしたのだが、ヤギたちの執拗な襲撃にあい、それら

鳥取県智《ち》頭《づ》町《ちょう》芦《あし》津《づ》のモモンガの森にあるトチノキの大木。なにか崇高な気配がただよう

はすべて**ヤギたちの胃袋へ移植されてしまった**のだ）、私は、なんとかシンボルツリーが一本、ほしかったのだ。

ここだけの話だが、私は放牧場に次のような**理想のイメージ**を抱きつづけている。


放牧場の中央あたりに一本の木がある。

その木は、葉を茂らせ、地面に木陰をつくる。

木の下にはしゃれたテーブルと椅子がある。

葉は穏やかな風に揺れ、テーブルの上には温かい紅茶が静かにのっている。

近くではヤギたちが草を食《は》み、ときおりメーと鳴く。

デスクワークに疲れた私はヤギたちを見ながら紅茶を飲む。

顔を上げると青い空に白い雲が浮かび、緑の葉が軽やかに揺れている。

ふと気がつくと、私の背後にヤギが立っており、ヤギもカップを手に持ち紅茶を飲んでいる（ナンチャッテ）。


ざっとこんな感じだ。

トチノキの移植になぜ私が、ひそかにとても喜んだか、わかっていただけたと思う。

トチノキは、**私のイメージにピッタリ**合う理想の木でもあったのだ。

そして、**その日は突然訪れた。**

ある日、大学に行くと、放牧場の入り口から中心に向かって、地面にキャタピラーの跡があり、そして、その先に……、トチノキがあったのだ。

ただし、じつを言うと、Sさんが便宜を図ってくださった〝木〟が**ほんとうに「トチノキ」かどうか、**は誰にもわからなかったのだ。

ある日、突然、それはやって来た。
キャタピラーの跡をたどっていくと……

というのも、もともとそれが植えられていた場所はあまり人が近づかない場所で、私もその木をよく見たことなどなかったのだ。

Sさんに**「それはほんとうにトチノキ?」**と聞くと、「いやそれはわからない。工事の人がそう言っていた」……みたいな感じだった。

読者のみなさんは思われるかもしれない。移植された木を見ればわかるでしょ、と。

でも移植が行なわれたのは三月で、木は葉をすべて落とし、小さな冬芽をつけていた。

私は冬芽や樹肌だけで種類がわかるほ

トチノキ（仮）が植わっていた。
ヤギの放牧場が理想に一歩近づいた

どトチノキには詳しくなかった。

私は春が来て芽から葉が展開するのを心待ちにした。とりあえず、その木はトチノキだということにして。

そうして、トチノキ（仮）とヤギをめぐる物語が始まったのだ。

トチノキの移植についての説明がてら、私は部員たちにトチノキについての**私の熱い思いを（私利私欲が極力ばれないように注意しながら）語った。**そしてそれをきっかけに、次のようなことが決まった。

その一：テーブルと椅子をつくってトチノキの下に置く。

その二：トチノキの近くにビオトープをつくり、新しい立派なヤギ小屋もつくる。

その三：近くの小学校の子どもたちを招いて、「ヤギづくしのヤギ体験イベント」を行なう。

一連の作業は、やがて、誰からともなく**「ヤギプロジェクト」**と呼ばれるようになり、私もそのヤギプロジェクトに積極的に参加した。

さて、部員たちのなかで最初に動き出したのは、**ビオトープをつくる**グループだった。

トチノキから四メートルほど離れた場所に穴を掘りはじめたのだ。

もちろん、そんな作業をヤギたちが黙って見ているはずはなかった。**「何してるのー？」**とばかりに寄って来て、**「餌、ないのー？」**とばかりに作業している部員たちの体に頭をこすりつけてきたり、服の袖を噛んでひっぱったりした。

私は、**〝小屋づくり〟を担当**した。担当といっても私がつくるわけではない。大学の近くの工務店にお願いし、小屋の大きさ、構造、費用などについて相談した。

トチノキの葉はなかなか開かなかった。

光沢のある表面で冬芽に収められた葉を守りながら、

トチノキの冬芽。光沢のある表面でなかの葉を守りながら、春を待っている

幹に角《つの》をこすりつけたり、かたわらで休んだり、ヤギたちは放牧場に突然現われたトチノキとさまざまなやり方でふれあいながら、生息空間に取りこんでいった

展開の時期をじっと待っている。そんな様子である。

そんななかで、ヤギたちは、突然現われたトチノキと、さまざまなやり方でふれあいながら、自分たちの生息空間のなかに取りこんでいった。トチノキに角《つの》をこすりつけて幹の皮をはがしたり、木のかたわらで横になって休んだりした。

テーブルと椅子づくりのグループでは、ひとまずはベンチを、という話になった。

部員たちは大学の木工室の技術員Hさんの指導のもと、廃材でベンチをつくりはじめた。どっしりしたベンチだ。

こうしてヤギプロジェクトが進むなか、私が**心待ちにしていたことが起こりはじめた。**

トチノキの冬芽のなかの一つが開いた！　赤みがかった薄い黄色だ

トチノキのたくさんの芽のなかの一つが開いたのだ！　暖かい光を浴びながら。

そしてそれはほかの芽にも次々と広がっていき、葉は赤みがかった薄い黄色から濃い緑へと変化していった。

トチノキ全体の芽から葉が開いていったということは、それは、**その場で生きていこうと決めた**ということだ。私にはそんなふうに感じられた。

同時に、「この木はほんとうにトチノキ？」という**疑惑も完全に消滅した。**

さて、ヤギプロジェクトのなかで最初に完成したのはベンチだった。

ベンチが（私の思惑どおり）トチノキの下に

ほかの葉も次々と開いていき、葉は濃い緑へと変化していった

置かれると、そこに部員が集《つど》った。ヤギたちも集った。**なんといい光景だろう**（あとは、テーブルと紅茶だ）。

ちなみに私は、そのベンチをちょっと利用させてもらって、ヤギたちが仲間の顔を識別しているかどうかを調べる実験を行なった。

その実験の背景には、深い深い学術的な意味があるのだが（ここでは長くなるので省略する）、その一つは、それまでの私の実験から、ヤギは、われわれが考えている以上に、生活のなかでかなり視覚を利用していることがわかっていることだ。

木の下にベンチが置かれると、ヤギたちも部員たちもちょくちょく集まった

まずは、ヤギたちの横顔や正面からの顔を写真に撮って、紙に実物大になるように印刷し、発泡スチロールに貼りつけ、輪郭にそって切りとる。そうやってつくったそれぞれのヤギの〝顔〟を、ベンチに二個体、並べて提示するのである。

すると159ページの写真のような状態になる**（笑ってはいけない）**。この場合は、左がミルク、右がクルミの横顔である。ここに、ミルクやクルミが来たとき、何が起こるか。私は、**次のような期待をした。**

たとえば、クルミは、自分の顔は見たことがないのだから、右の顔は見知らぬヤギの顔ということになる。

一方、左の顔はよく見慣れているミルクの顔である。したがって、**クルミは二つのモデルに対し、異なった反応を示すのではないか……**、そう考えたのである。

そして結果は？

残念ながら、いろいろな個体について、いろいろな組み合わせで実験をしたのだが、どの個体も、〝見知らぬ顔〟と〝見慣れた顔〟に対しては、特に、明確に異なった反応は見せなかったのである。

モデルに対しては、一応は反応はした。

ベンチにやって来た個体は、モデルを見つけ、最初に緊張した面もちで近寄り、ニオイを嗅いだりはしたのだ。しかし、いずれかのモデルに対してより強い反応を示すということはなかった。

読者の方は思われるかもしれない。

その実験は、**モデルが顔だけだからうまくいかなかったのではないか**、と。

私もそう考えて、発泡スチロールで胴体もつくって、それに顔モデルをくっつけて実験してみた（発泡スチロールでヤギの全体の輪郭をかたどった、つまり顔ものっぺらぼうの、〝顔プラス胴体〟モデルに対しては、時には、頭突きなども含めた激しい反応を示すことが以前の実験でわかっていた）。

しかし、顔が異なるモデルに対する**異なった反応は見られなかった。**

ヤギたちにもいろいろ彼ら特有の生物としての**〝事情〟があるのだろう。**そして、その〝事情〟を知ることが彼らの世界を理解することにつながる。

今回のような、期待した反応の不発は日常茶飯事であり、それもまたそれなりの大切な情報を与えてくれるのだ。

ヤギは、“見知らぬ顔（自分）”と“見慣れた顔”に異なった反応を示すのだろうか？　ベンチを使って実験してみた。左がミルク、右がクルミの写真である。下の本物のヤギはクルミだ。だからクルミは右の写真の（自分の）“顔”は見たことがないはずだ

さて、ベンチの完成とともに、次に、**小屋づくりが始まった。**

柱が立てられ梁《はり》がつけられ、小屋の形が見えてきた。

平凡な形だが、この形には、ヤギや、四季の気候についてのさまざまな配慮が盛りこまれていた。特に、冬の寒さを考えて、外部からの風をしっかり遮断できるような構造にされていたのだ。そのほかには?……。**まーそういうことなのだ。**

そして、屋根がトタンで覆われるころにはトチノキの葉はかなり広がり、それらしい木陰をつくるようになっていた。

順風は続いた。

突然花芽らしきものができたかと思ったら、

ベンチの次は小屋づくりが始まった。小屋の屋根が覆われるころには、トチノキが木陰をつくるようになっていた

なんと白いきれいな花が木全体を包んだのだ。

さて、小屋も完成間近になり、トチノキの花も落ちだしたころ、**一つの問題が姿を現わした。**重大な問題だ。

晴天が続き、トチノキの葉が萎《しお》れ茶色になりはじめたのだ。それは、じつは、私が**内心ずっと怖れてきたこと**でもあった。

一六年前に大学がつくられたとき、ヤギの放牧場も含めたキャンパスの地面の上層部には、大学外から持ちこまれた、どこかの工事現場で出た廃土が厚く敷きつめられた。

その土は粘土質で、小石や、場所によってはコンクリートの断片も含まれており、**植物の生育にとって好ましくない**ものだった。

突然花芽らしきもの（右）ができたと思ったら、白い花が木全体を包んだ（左）

だから、大学設立時にキャンパスに植えられた木々は、どれも勢いがなく、その後、一本一本に手当てがほどこされてやっと元気になっていった。手当てがうまくいかず枯れていった木も少なくなかった。

土に関しては、ヤギの放牧場も例外ではなかった。〝大学設立時〟から一〇年以上経過しているとはいえ、土の性質は大きく変わってはおらず、トチノキの移植にあたって、そのことを心配していたのだ。

春になり芽が展開し、青々とした葉が広がり、さらに花まで咲いたのを見て、これなら大丈夫と思った。でも**危機は去ってはいなかった**のだ。

加えて、そのころ日照りが長く続いていた。ほんとうに**このまま枯れてしまうかもしれない。**

重大な問題が発生した。晴天が続いて、トチノキの葉っぱが茶色になってきたのだ

それがそのときの偽らざる気持ちだった。

六月の放牧場で、トチノキを見上げ、重い重い気持ちで立ちつくす私だったのだ。

もちろん、ただただ悲歎にくれるだけの私ではなかった。

それまで見守ってきて愛情のようなものも感じるようになっていたトチノキのために、**できるだけのことをしてやろう**と思った。

さっそく私は作業に取りかかった。できることは、根の周囲を枯れ草で覆い、水をたっぷり与えてやることだった。

まずは、周辺から枯れ草を集めて、トチノキの根元に積んでいった。

水の調達は大変だった。

トチノキに一番近い水源は、一〇〇メートル

枯れてしまうかもしれない……トチノキのためにできるかぎりのことをしてやろう。まずは根元を枯れ草で覆った

以上離れた場所の水道だった。私は、その水道の管理者であるキャンパス内の研究所に頼みこんで、時々水道の水を使わせてもらう許可を得た。それからホームセンターへ行き、ぐるぐるに巻かれた五〇メートルのホースを三つ購入した。

急いで大学にもどり、水道の場所からトチノキの根元までホースをつなげ、水道の蛇口をひねった。

少しずつ、トチノキの根元の乾いた土や枯れ草が水を吸いこみ、白っぽい色から潤いのある茶色に変わっていくのがわかった。

水は三〇分くらい出しっぱなしにし、それから毎日その水やりを続けた。

その後も雨は降らなかった。

ようやく待ちに待った雨が降った。トチノキは全身で雨を受けて、枝や葉から水滴をしたたらせた

トチノキは、枯れるでもなく、元気になるでもなく、とにかく生きつづけた。私は、水をやりつづけた。

晴天が二週間近く続いたあと、いよいよ雨を降らす日がきた。トチノキは、**全身で雨を受け、**枝や葉から水滴をしたたり落とし、**……うれしくなる光景だった。**

でも雨はそう長くは続かなかった。再び晴天の毎日になった。

とても強い風の日もあった。全体が茶色になった葉は吹き飛ばされた。

やがて、水やりは部員たちがやってくれるようになっていた。

本格的な夏になった。トチノキには厳しい季節だ

時は過ぎ、**本格的な夏がやって来た。**

日差しはいっそう強くなり、トチノキにとってはますます厳しい時期になった。

私は心配で、毎日のようにトチノキの葉の様子を見た。

心のなかでは、**もう覚悟しなければならないな、**と思いはじめていた。

そんなときだった。

メイという、若くて小柄な雌ヤギが子どもを産んだのだ（雌しかいないヤギ部のヤギからなぜ子ヤギが生まれるのか？　その出来事の詳細は『先生、洞窟でコウモリとアナグマが同居しています！』に書いた）。

子ヤギは二匹で、どちらも雌。その後、アズキとキナコと名づけられた。

トチノキが厳しい暑さのなかで頑張っているころ、ヤギ部のメイが２匹の子どもを産んだ

ちなみに、子ヤギの誕生をきっかけに、老ヤギのコハルも、自分が子どもを産んだわけでもないのに乳を出しはじめた（！）。二匹の子ヤギは二匹の母ヤギ（実母と乳母）から乳をもらい、すくすくと成長していった。

トチノキにとっては子ヤギたちの誕生は特段、影響はなかっただろう。

木のまわりを走ったり、下の草を食べたり、木の下のベンチが大好きでその上でとび跳《は》ねたり……。

でも、私は、なにか**子ヤギの元気さがトチノキに伝わってくれるのではないか、**命の力が……みたいな気分になった。

とにかくトチノキは厳しい暑さのなか、

放牧場に完成したヤギパンを焼くための窯（右）。窯づくりの間、ヤギたちはなにかと窯にちょっかいを出し進行を遅らせた（左）

水を与えられながら踏んばっていた。

やがて**放牧場の景色は秋へと移っていった。**

秋になった。ある日の休日、近くの小学校の子どもたちを招いて**「ヤギづくしのヤギ体験イベント」**を行なった。

学生たちは、放牧場のなかに窯をつくり、ヤギパンを焼いた（焼きたてパンにヤギ焼印を押して完成である）。

ヤギの毛とトチノキの葉をすきこんだ紙のハガキをつくり、そのハガキに**ヤギの毛でつくった毛筆**で字を書き、さらに、**ヤギの切手**を貼って自分の家に郵送した（と書きたいところだが、その計画は半分しか実現しなかった。紙と筆と切手はできたのだが……）。

ヤギの毛筆とヤギの切手については一言ふれておきたい。

ヤギ筆はＩｔくんとＮｍくんが担当した。古くて細い竹を柄《え》にして、その先端にヤギの毛を束ねて差しこんだ筆はできた。ただし、その筆を見て私は、**なにか奇妙な印象**を受けた。というのも、一本一本の毛が太くて長いのだ。試験的に私がつくったヤギ筆とはかなり感じが違うのだ。

It くんと Nm くんのつくったヤギ筆にはなにか違和感があった。私が試作したものとはかなり感じが違う……その理由がベル（下左）とコムギ（下右）を見てわかった。2 頭とも顎髭が短い。髭を切って筆にしたのだ！
ちなみに、上の顎髭のモデルは、左がクルミで、右がコムギです

そしてしばらくして私は、その〝奇妙に感じる〟ヤギ筆の**理由がわかった。**

ヤギたちの小屋を訪れた私は、小屋の奥から顔をこちらに向けた二頭のヤギ（コムギとベル）を見て**思わず笑ってしまった。**

顎髭《あごひげ》が短いのである。そして、髭の毛先がきれいにそろっているのである。

ああこれか！**（そこの毛を切るか——！）**。そりゃ、ヤギ筆の「一本一本の毛が太くて長」くなるはずだわ。コムギとベルの表情が心なしか寂しそうに見えた。

切手のほうは、まず、使用する**ヤギの写真のコンテスト**から始まった。

各部員がこれぞという写真を自分で撮り、そのなかから部員全員の投票で決めようというわけだ。

コンテストで１位になったNkさんの写真でつくった切手。実際に使える

投票の結果、Nkさんの写真が選ばれ、その写真を使った切手がつくられた（日本郵便がそういうサービスをやっているのだ）。できた切手が前ページのものである。

さて、早々と作業を開始したビオトープづくりの部員たちの話に移ろう。

Skくんを中心にしたグループは、しっかり者の一年生女子Tさんの**温かくも厳しい鋭い指導**を受けながら、てきぱきと作業を進めた。

ビオトープ用の丈夫なビニールシートを購入し、いい感じのビオトープが完成し、大学の近くの川で採取されたメダカや水草が入れられた。

ヤギたちもビオトープを気に入った。はみ出たビニールシートに足を滑らせて転ぶヤギもいた

もちろん**ヤギたちもそのビオトープを気に入り、**水を飲んだり水辺の草を食べたり、結構エンジョイしていた。

時には、ビオトープの周囲にはみ出たビニールシートの上を歩いていて、足が滑って転ぶヤギもいたが（岩場に適応したヤギの足は、つるつるしたビニールシートの表面が苦手なのだ……）。

ちなみに、あるとき、ビオトープのなかに**白色のメダカが見つかった。**

私は、ヤギの放牧場で誕生した**「ヤギメダカ」として売り出そう、**と提案したが、**部員たちにたしなめられた。**

自然生態系の保全から考えると部員たちが正しい。

〝金〟に目がくらんだ私の姑息な目論見はそれで終わった。

さて、小学校の子どもたちを招いて行なった「ヤギづくしのヤギ体験イベント」当日である。

あいにく天気はどんよりした曇りであったが、ヤギとふれあいながら、というかからまれながら無事メニューは終了した。

子どもたちへのお土産は、ヤギの焼印入りのトートバッグだった。**ヤギづくしにこだわった**

小学校の子どもたちを招待して行なった「ヤギづくしのヤギ体験イベント」の様子。ヤギたちにからまれながらも、メニューは無事に終了した。お土産はヤギの焼印入りのトートバッグだ。どこまでもヤギづくしにこだわった

のだ。

そして日々は過ぎ、**冬の気配が近づいてきた。**じわじわと気温は低下していった。すっかり葉を落としたトチノキはどうなっただろうか……。

トチノキは枯れなかった。すべての葉を落としたその枝々の先に冬芽をつけていたのだ。

どの芽も小柄ではあったが、茶色の鞘《さや》にしっかり包まれていた。また**春になったら芽吹いてくれよ、**と願った。

そして、あるときそんなトチノキにムクドリが飛来して舞い降りた。

私は、トチノキが自然の一部として認め

冬も近づいたころ、葉を落としたトチノキにムクドリが舞い降りた。
自然の一部として認められたようでうれしかった

られたような気がしてうれしかった。

それからしばらくして、いよいよ、放牧場に雪が降った。突然、横なぐりの風とともにたくさんの雪が降り、あたり一面を覆った。トチノキも幹や枝が雪に覆われた。

一二月の終わりだった。


そんなとき、**また事件が起こった。**

ベルという名のヤギが、コハルの攻撃を受けて倒れたというのだ。

餌をめぐってコハルがほかのヤギを追い払おうとし、ベルの横腹を頭で突いたらしかった。ベルはいったん倒れすぐ起き上がって歩いたが、歩き方がぎこちなく、座ることが多いという。

そしてとうとう雪が降った。横なぐりの風とともにたくさん降り、トチノキの幹も枝も雪に覆われた

頭で突くような行動はヤギ同士の間でよく見られる行動だ。でも通常は、頭で突かれても倒れたりするようなことはまずない。

突かれたときのベルの体勢が悪かったか、ベルが体の調子を崩していたか、……私は、そんなことを考えながら、部員からの報告を聞いて小屋へ急いだ。

脚などを見たりさわったりしてみたが、特に異常は見つけられなかった。

ベルはその年に群れに入った二歳の雌だった。細身で目やにが見られ、最初に会ったときから不安のあるヤギだった。

一方で**とても人懐っこい性格**で、何かあれば部員たちのそばにすぐやって来た。

そして、なぜか、群れの古参のボス的存在である**クルミと仲がよく、一緒に行動することが多かった。**

その事件から部員たちも私も、ベルには特に気をつけ、体力をつけさせるために、冬用の餌を直接、手から与えた（ほかのヤギが取らないように）。

ベルは食欲旺盛で、脚以外は調子がよかった。

座って餌を食べることもあったが、ほかのヤギが自分の口のかたわらの餌を食べようとすると、頭を振って追い払おうともした。でも、歩き方がもとどおりになることはなく、相変わらず、しばらく立っていたら座る、……そんな状態が続いた。

ほかのヤギたちと一緒に小屋の外で歩きながら餌を食べてわれわれを喜ばせたかと思うと、次の日には小屋のなかでずっと座っていたりした。

獣医さんにも相談したが、自力での回復を待つしかないでしょう、ということだった。

そして、厳しさを増す寒さのなかで、やがてベルは、小屋のなかで座っていることが多くなり、年を越して一カ月ほどたったころから、立つことのほうがめずらしくなった。ほとんど座りっぱなしになったのだ。しかしその日には気力がうかがえたし、食欲も旺盛だった。

私は、部員たちが与えている冬用の三種類の餌に加え、ベルが好きなキャベツの葉も与えることにした（ヤギたちには、冬は飼料用の種子ティモシーとアルファルファ、時々米ぬかをやり、夏は放牧場に生えている雑草を食べるほかに、時々ティモシーをやっている）。

出勤途中にスーパーに寄ってキャベツを買っていたのだが、そのうち、キャベツの売り場の前には、キャベツの傷んだ外側の葉を捨てる段ボール箱が用意してあるのに気がついた。そのなかには、キャベツを買う人が捨てていった葉が入っており、帰宅時に行くと葉がたくさんたまっていることもわかった。事情を話したスーパーの店員さんは、捨てる予定の葉も残してためておいてくださった。そんなこんなで夜、スーパーに立ち寄るのが私の日課になった。

何軒かのスーパーを回るとキャベツの葉はかなりな量になり、それを毎朝、小屋のなかに座っているベルにやるのだ。夜回りで、ほかのヤギにもおすそ分けできるくらい、収穫のあることも多かった。

時には、冬でも青々とした葉をつけているシラカシやスダジイの葉を大学林から採ってきて、キャベツにまぜてやった。

ベルはキャベツをよく食べてくれた。その食いっぷりは、不安いっぱいの私の心に、毎回希望を与えてくれた。

この冬さえ耐えてくれたら元気になる。なるにちがいない。

トチノキと重ねるような気持ちだった。

あるとき、前述の部員のＮｋさんがこんな話をしてくれた。

当番で小屋のなかに座っているベルに餌をあげたら、メイの子どもの一方がそれを横どりしようとした。それを見たベルは座ったままでその子を頭突きで追い払おうとした。するとかたわらでその様子を見ていたメイが、ベルに頭突きをした。

ところが今度は、それを見ていたクルミが、メイを攻撃した、……というのだ。

そして、Ｎｋさんは、クルミの行動に感動したという。

というのも、Ｎｋさんは、卒業研究で放牧場のヤギたちの個体関係を調べており、ベルとクルミは（血縁関係はまったくないのに）相互に友好的にふるまい、一緒に行動することが多いことを数値的にもはっきり認識していたからだ。

Ｎｋさんは、「クルミは、メイに攻撃されたベルを助けようとした」と考えたのだ。

Ｎｋさんの解釈が正しいかどうかはわからない。でもその可能性は十分あると私も思っている。

ヤギたちは、群れのなかの他個体それぞれと異なった精神的関係をもち、場面場面でかなり高度な判断をしていることを私は確信していた。その行動のなかには、〝援護〟も入っていた。

トチノキは、小屋のかたわらで、**冬芽をつけたままじっと立っていた。**

生きているのかどうかはわからなかったが、時々、太陽の光を受けて芽の表面が輝くのを見ると、命の輝きのように感じられた。

ベルも頑張った。寒さのなか、餌を食べ、水を飲み、**春の訪れをめざした。**

ある朝、私がキャベツを持って行くと、力をふりしぼって立ち上がり、何かを念じるように目を閉じ、また座った。

ああ、立てるんだ！　私はどんなに喜んだか。

しかし、それが、私が、立ったベルを、そして生きていたベルを見た最後だった。

次の日の三月二二日の朝、ベルは息を引き取っていた。思いがけない死だった。

ベルの顔や体をなでてやりながら、いろいろな思いがわいてきたが、悔いはなかった。毎日キャベツや樹木の葉をやりつづけ、できるだけのことはした、という思いがあったからだ。

そのままトチノキの下に埋めてやりたいとも思ったが、家畜扱いなので保健所に連れて行かなければならなかった。前部長のＫｕくんとトラックに乗せて連れて行った。

解剖の結果、持病として肺を患っていたということだった。その持病は治療できるものではなかったと説明を受けた。

ベルがいなくなってから、クルミの元気がなくなった。

Ｎｋさんの話によると、クルミはみんなから離れて一頭で過ごすことが多くなったという。座ることも増えた。

そんななかで、Ｎｋさんは、下のような写真を撮った。

早春の日差しの下で、一人で座っているクルミに、日ごろから、ベルの次に一緒にいることが多いコムギが近づいていき、額をなめたのだという。

なめることはヤギの世界では友好を示す行動だ。

Ｎｋさんは、コムギが、元気をなくしているクルミを元気づけようとしてとった行動だと主張した。

正直、その解釈が正しいかどうかはわからない。科学的な根拠がほとんどないからである。

元気をなくして座っていることが多くなったクルミに、コムギが近づいていって額をなめた

でも、長い間ヤギと接していて出合う彼らの行動を見ていると、Ｎｋさんの解釈が当たっている可能性は低くはないと思う。少なくとも、その話を聞いたとき、私も、Ｎｋさんの解釈を信じたいと思った。

ベルは、クルミやコムギたちの記憶のなかに生きている、とでも言えばいいのだろうか。

トチノキは、……トチノキは、ベルが死んだあとも姿を変えなかった。枝先に冬芽をつけたまま、そのままの姿でじっと立っていた。

ひょっとしたらトチノキもそのまま枯れてしまうのではないか、という漠然とした思いが頭に浮かぶようになったころ、**トチノキが動いた。**

一本の枝先の芽がふくらみはじめたかと思っ

このまま枯れてしまうのではないか、と思いはじめたころ、トチノキが動いた

たら、ものすごいスピードで葉が展開し、一週間もたたないうちに、木全体が若葉に覆われていったのだ。

そして今（二〇一五年秋）、**トチノキは放牧場のシンボル**として、ヤギたちに休息の場を提供している。

ヤギたちとトチノキ、これから、また、どんな物語が待っているのだろうか。

1 本の枝先の芽がふくらみはじめたと思ったら、1 週間もたたないうちに木全体が若葉で覆われた

先生！シリーズ◎思い出クイズ

先生！シリーズファンのみなさま
みなさまのおかげで、なんと 10 巻まで刊行することができました。
そこで、問題です。各巻から 1 問ずつ。
第 1 巻から熟読してくださっているみなさまには簡単かもしれませんが、
クイズに答えながら、あんな話もあった、こんな事件もあった、
と、振り返っていただければ幸いです。

Q1【第 1 巻】 ヘビを密かに飼育しているコバヤシ教授の研究室は、ほかの教授から何と呼ばれているでしょうか？

ちなみに、ヘビの名前はアオ。今まで何度も実験を手伝ってもらいました。

アオダイショウのアオ

Q2【第 2 巻】 コバヤシ教授が、フィールド調査の合間に、ある大木に登って学生たちにアケビの実をとってあげました。その木の種類は？

このときは学生たちと、「ヤギんぼ」に出没するある大型野獣の捕獲大作戦を展開中でした。

ヤギんぼ。ヤギ利用冬期湛水不耕起栽培を実践している田んぼのこと

ある大型野獣の足跡

Q3【第3巻】

モグラがネコなどの捕食動物から逃れるときに発する鳴き声は？

湧き出てきたモグラ

実習中に、砂利のなかから突然モグラが現われたんですよね。先生はこのときはじめて生きたモグラを見たのでした。

Q4【第4巻】

池で学生が見つけた、貝に指をはさまれた気の毒なアカハライモリ。この貝の生物名は？

情けない、でも気丈に痛みをこらえているような表情だ

この巻には、先生がNHKラジオのスタジオで3匹のアカハライモリを解き放つ、というエピソードも。その後、3匹と一緒に築地書館にお立ち寄りくださいました。社員一同大喜び。

Q5【第5巻】

生き物大好きなコバヤシ教授が苦手なのはミミズ。でも、無人島、津《つ》生《ぶ》島に生息するある種類のミミズにはそんなに恐怖心を感じません。そのミミズの種類は？

ツコ

この島では、一人で生きるシカのツコとの出会いと別れがありました。

Q6【第6巻】

樹上で産卵し、孵《ふ》化《か》した幼生がアカハライモリにぱくぱく食べられてしまう動物は？

芦津モリモリ池の畔

先生は、この“芦津モリモリ池”で、長年気になっていたアカハライモリの生態に関する疑問の答えを確信します。

Q7【第7巻】

ヤギ部創立以来のメンバーです。強烈な存在感で大学内にその名をとどろかせていたヤギの名は？

子どものころ

トカラ種が入っているから大きくならないよ、というふれこみだったのですが………山のように大きくなりました。

大きくなりました

Q8
【第８巻】

絶滅が危惧される魚類で、コバヤシ教授が生息地保全を気にかけている動物は？

環境の異なる2つの生息地

２つの生息地にせまるそれぞれの危機。人間と地球、自然、環境……考えさせられるエピソードでした。

谷川

先生の故郷にある水場

Q9
【第９巻】

ニホンモモンガがコミュニケーションに使っていると思われる手段は？

この巻には、先生の小学２年のときの山イヌ遭遇事件の作文も掲載しました。

モモンガ

Q10
【第10巻】

コウモリのニオイ認知能力の実験を手伝ってくれたコウモリの種類は？

第1巻に登場したオヒキコウモリ

第１巻で大学の廊下に侵入したオヒキコウモリとの出合いに始まり、先生は最近再び、洞窟性コウモリの研究にエネルギーを注いでいます。

※答えは、2016年9月15日に築地書館ホームページで発表します。http://www.tsukiji-shokan.co.jp/
第11巻にも掲載予定です。

著者紹介

小林朋道（こばやし ともみち）

1958年岡山県生まれ。

岡山大学理学部生物学科卒業。京都大学で理学博士取得。

岡山県で高等学校に勤務後、2001年鳥取環境大学講師、2005年教授。

2015年より公立鳥取環境大学に名称変更。

専門は動物行動学、人間比較行動学。

著書に『絵でわかる動物の行動と心理』（講談社）、『利己的遺伝子から見た人間』（PHP研究所）、『ヒトの脳にはクセがある』『ヒト、動物に会う』（以上、新潮社）、『なぜヤギは、車好きなのか？』（朝日新聞出版）、『先生、巨大コウモリが廊下を飛んでいます！』『先生、シマリスがヘビの頭をかじっています！』『先生、子リスたちがイタチを攻撃しています！』『先生、カエルが脱皮してその皮を食べています！』『先生、キジがヤギに縄張り宣言しています！』『先生、モモンガの風呂に入ってください！』『先生、大型野獣がキャンパスに侵入しました！』『先生、ワラジムシが取っ組みあいのケンカをしています！』『先生、洞窟でコウモリとアナグマが同居しています！』（以上、築地書館）など。

これまで、ヒトも含めた哺乳類、鳥類、両生類などの行動を、動物の生存や繁殖にどのように役立つかという視点から調べてきた。

現在は、ヒトと自然の精神的なつながりについての研究や、水辺や森の絶滅危惧動物の保全活動に取り組んでいる。

中国山地の山あいで、幼いころから野生生物たちとふれあいながら育ち、気がつくとそのまま大人になっていた。1日のうち少しでも野生生物との“交流”をもたないと体調が悪くなる。

自分では虚弱体質の理論派だと思っているが、学生たちからは体力だのみの現場派だと言われている。

ブログ「ほっと行動学」 http://koba-t.blogspot.jp/

先生、イソギンチャクが腹痛を起こしています!

鳥取環境大学の森の人間動物行動学

2016年5月30日　初版発行

著者　小林朋道
発行者　土井二郎
発行所　築地書館株式会社
〒104-0045
東京都中央区築地7-4-4-201
☎03-3542-3731　FAX 03-3541-5799
http://www.tsukiji-shokan.co.jp/
振替00110-5-19057
印刷製本　シナノ出版印刷株式会社
装丁　山本京子+阿部芳春

©Tomomichi Kobayashi 2016 Printed in Japan ISBN978-4-8067-1514-6

・本書の複写、複製、上映、譲渡、公衆送信（送信可能化を含む）の各権利は築地書館株式会社が管理の委託を受けています。
・JCOPY〈出版者著作権管理機構 委託出版物〉
本書の無断複製は著作権法上での例外を除き禁じられています。複製される場合は、そのつど事前に、出版者著作権管理機構（TEL03-3513-6969、FAX 03-3513-6979、e-mail: info@jcopy.or.jp）の許諾を得てください。

先生！シリーズ

［鳥取環境大学］の森の人間動物行動学
小林朋道［著］　各巻 1600 円＋税

先生、巨大コウモリが
廊下を飛んでいます！

先生、シマリスが
ヘビの頭をかじっています！

先生、子リスたちが
イタチを攻撃しています！

先生、カエルが脱皮して
その皮を食べています！

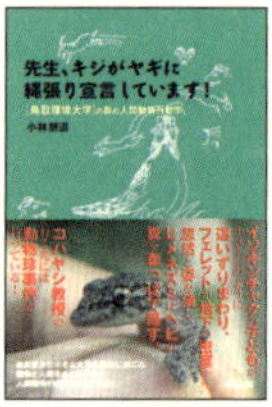

先生、キジがヤギに
縄張り宣言しています！

先生、モモンガの
風呂に入ってください！

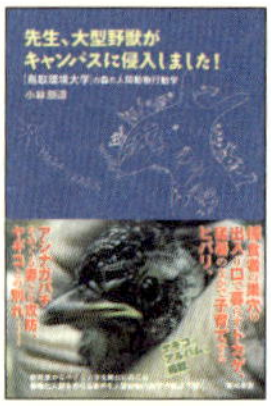

先生、大型野獣が
キャンパスに侵入しました！

先生、ワラジムシが
取っ組みあいのケンカを
しています！

先生、洞窟で
コウモリとアナグマが
同居しています！

価格は 2016 年 5 月現在
総合図書目録進呈します。ご請求は下記宛先まで
〒104-0045　東京都中央区築地 7-4-4-201　築地書館営業部
メールマガジン「築地書館 BOOK NEWS」のお申し込みはホームページから
http://www.tsukiji-shokan.co.jp/